Lerntipps:

- Arbeite nie länger als 35 bis 40 Minuten. Lege eine Pause von mindestens 5 bis 10 Minuten ein! Bist du schon früher müde oder unkonzentriert, mache unbedingt eine Pause!

- Du kannst dich am besten erholen und neue Energie tanken, wenn du:
  - einige Minuten ruhige Musik hörst (schließe dabei die Augen);
  - ein Mandala ausmalst (du findest zwei auf den Seiten 68 und 69);
  - Entspannungsgymnastik machst.

Diese Zahlen gehören zum Rechenpuzzle auf S. 4. Bitte umblättern!

52	**64**	**92**	**75**
69	**82**	**32**	**18**
62	**48**	**77**	**24**

Endlich sind die Sommerferien da! Anna und Felix sind Zwillinge, neun Jahre alt, und manchmal große Nervensägen. Da stimmen Vater und Mutter sofort zu, als der Großvater die Kinder über die Sommerferien zu sich einlädt. Der Abschied von den Eltern fällt nicht schwer, und die Bahn bringt die Kinder zu ihrem Ferienziel.
Am Abend stehen sie vor Opas riesigem, altem Haus. „Irgendwie sieht es gespenstisch und unheimlich aus", flüstert Felix Anna zu.

(**Bedeutet:** Schreibe direkt in dieses Büchlein! Falls du mehr Platz benötigst, schreibe auf einen Block oder in ein Heft.)

1

Willst du Großvaters Haus sehen?

- *Rechne die Aufgaben auf der rechten Seite!*
- *Schneide dann die Rechtecke mit den Lösungszahlen (unten auf dieser Seite) aus und klebe sie auf das richtige Aufgabenfeld!*

31 + 17 = ___	41 + 28 = ___	42 + 35 = ___
74 – 22 = ___	99 – 17 = ___	50 – 32 = ___
27 + 65 = ___	24 + 38 = ___	49 + 26 = ___
82 – 18 = ___	81 – 49 = ___	62 – 38 = ___

Lösung siehe **1** im **Lösungsteil** nach Seite 36.

„Herzlich willkommen!“, begrüßt Großvater die beiden freundlich. Großvater ist ein kleiner Mann mit einem netten, runzligen Gesicht und einem grauen Vollbart. „Das ist Paulchen“, sagt er, „mit ihm fühle ich mich hier draußen nicht so einsam.“

2

- *Löse die Aufgaben in den Stiften!*
- *Suche dann die Felder mit den Ergebniszahlen (auf der rechten Seite) und male sie in den angegebenen Farben aus. Dann erfährst du, wer Opas bester Freund ist.*

rot

6 · 2 = 12
4 · 4 = ____
6 · 10 = ____
7 · 2 = ____
5 · 4 = ____
9 · 10 = ____
9 · 2 = ____
7 · 10 = ____

grün

5 · 5 = ____
6 · 4 = ____
10 · 10 = ____
5 · 8 = ____
7 · 4 = ____
6 · 5 = ____
9 · 4 = ____

blau

6 · 8 = ____
8 · 4 = ____
7 · 5 = ____
8 · 8 = ____
9 · 5 = ____
9 · 8 = ____
7 · 8 = ____

gelb

16 : 4 = ____
25 : 5 = ____
24 : 4 = ____
100 : 10 = ____
24 : 8 = ____
64 : 8 = ____
36 : 4 = ____
56 : 8 = ____

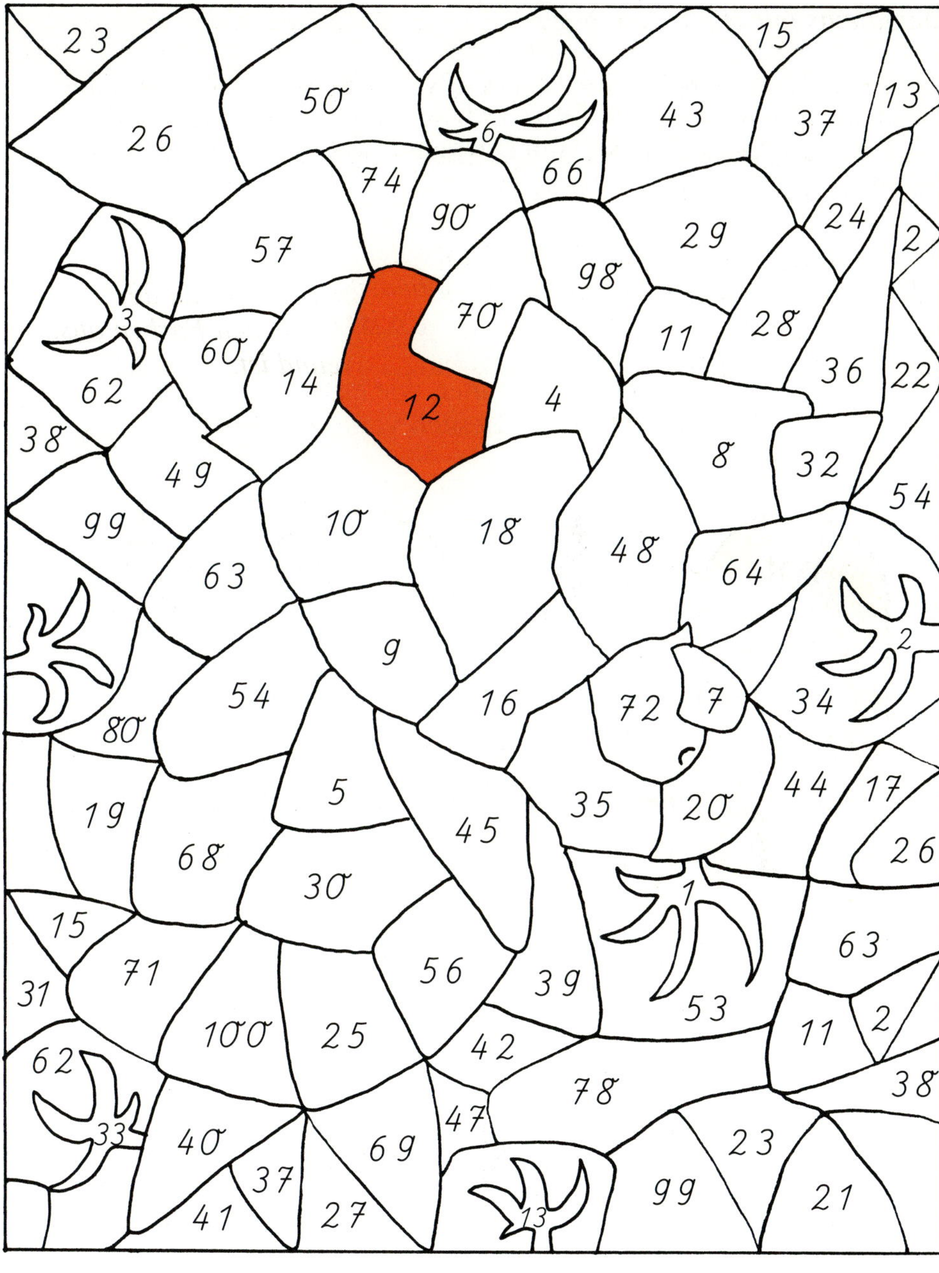

Lösung siehe **2** im Lösungsteil nach Seite 36.

„Zuerst zeige ich euch euer Zimmer“, sagt Opa. Die Zwillinge folgen ihm in das große Haus. Es riecht nach Holz und alten Mauern. „Ihr bekommt wieder das Zimmer im Dachgeschoss. Ich habe seit eurem letzten Besuch fast nichts verändert.“

3 *Die Kinder finden das Zimmer fast genauso vor, wie sie es bei ihrem letzten Besuch verlassen haben. Jedoch wurden* ***acht Dinge*** *verändert. Findest du sie? Kreise sie ein!*

Hier siehst du das Zimmer, wie es die Zwillinge nach ihrem letzten Besuch verlassen haben:

So sieht das Zimmer heute aus:

Lösung 3 im Lösungsteil nach Seite 36.

„Gleich gibt es Tee und Kuchen“, sagt Opa, „ihr könnt euch inzwischen ein wenig im Haus umsehen.“ Felix und Anna untersuchen jeden Winkel. Sie entdecken viele alte Sachen von Großvater, Kisten, Schränke mit Büchern und Werkzeug … Es dauert nicht lange, da stoßen sie auf eine verschlossene Tür. An ihr ist ein großes, rotes Schild angebracht.

Was steht auf dem Schild geschrieben?

4
- *Löse die Aufgaben und suche die Ergebniszahlen auf dem Schild.*
- *Setze die Buchstaben, die hinter den Aufgaben stehen, in die richtigen Kästchen auf dem Schild ein!*

(**Achtung!** Die kleinen Punkte sollen für dich eine Arbeitshilfe sein. Du sollst diese Punkte nicht zeichnen!)

24 : 6 = 4 → N

18 : 3 = ______ → I

27 : 9 = ______ → G

42 : 6 = ______ → R

45 : 9 = ______ → H

48 : 6 = ______ → M

7 · 3 = ______ → G

6 · 6 = ______ → E

7 · 9 = ______ → T

9 · 6 = ______ → E

8 · 9 = ______ → E

9 · 9 = ______ → S

Lösung 4

Die Zwillinge sind sehr neugierig: „Was wird in diesem Zimmer wohl versteckt sein?“ Als Großvater sie zum Tee ruft, bombardieren sie ihn mit Fragen. Aufgeregt hören sie Opa zu, was er über das verschlossene Zimmer erzählt. „Vor vielen Jahren wohnte dort ein Erfinder“, verrät Großvater, „er machte merkwürdige Versuche, die oft sehr laut waren und das Haus beben ließen. Für seine Arbeiten brauchte er immer wieder verschiedene Sachen.“

5 *Diese Dinge hat der Erfinder für seine letzte Erfindung verwendet. Wie viel wiegen die verschiedenen Sachen? Hier siehst du, welche Gewichte jeweils benötigt wurden.*

- *Trage in die Kästchen ein, wie viel kg (Kilogramm) und g (Gramm) das jeweils sind!*

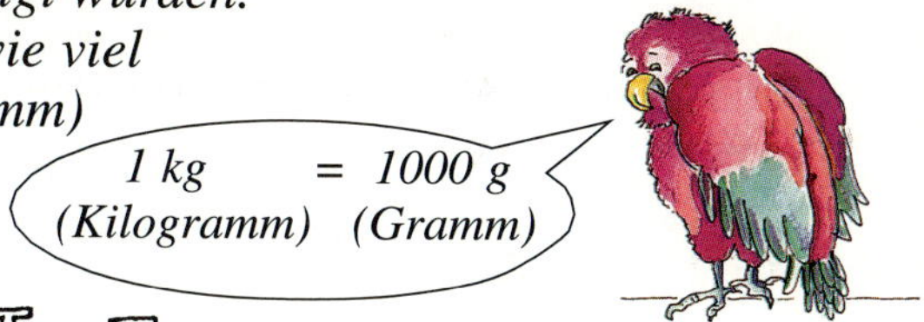

rote Farbe: 1 kg 800 g

Schrauben: ____

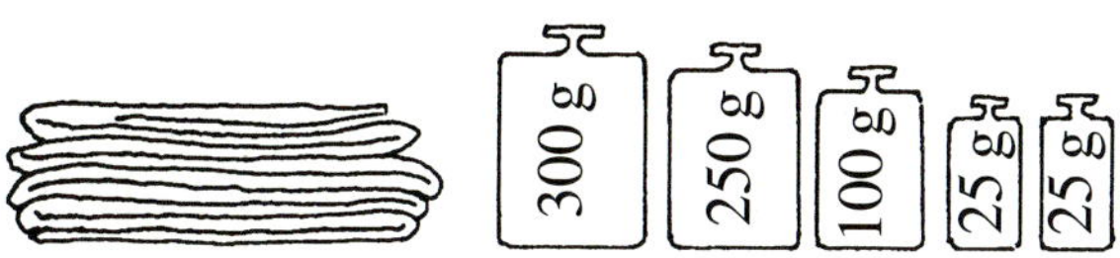

Stoff: ____

grüne Farbe: ____

Lösung 5

6 *Nun sollst du zeichnen! Welche der folgenden Gewichte wurden hier gebraucht? Verwende jedes Gewicht nur* ***einmal****!*

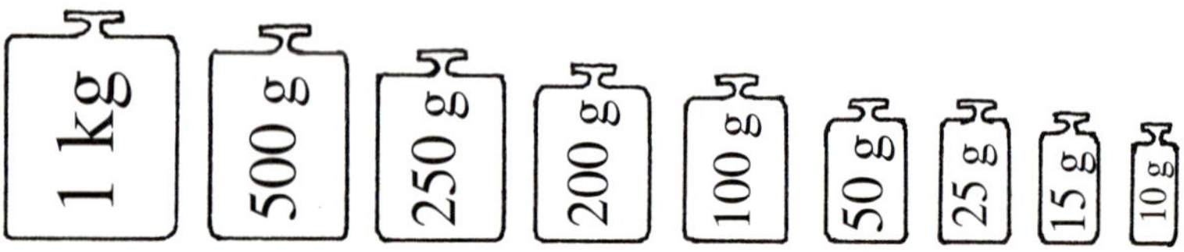

Drähte:

1 kg 125 g

Nägel:

765 g

Einmaleins ______________________________

Großvater fährt mit seiner Erzählung fort: „Eines Tages war es in seinem Zimmer merkwürdig still. Kein Beben – kein Toben – kein Poltern. Ich betrat es, was ich nur ungern tat, um zu sehen, was passiert war. Der Raum war ganz leer bis auf eine Maschine, die mir durch ihr buntes Flimmern sofort auffiel. Der Erfinder war spurlos verschwunden. War die Maschine schuld daran? Aus Angst, dass die Maschine noch weiteren Schaden anrichten könnte, verschloss ich den Raum. Ich habe ihn seitdem nie wieder betreten."

7 *Auf dieser Seite siehst du die Maschine, die der Erfinder gebaut hat. Kannst du sie in den richtigen Farben ausmalen?*
Male alle Felder mit den Zahlen des:
5er- Einmaleins grün,
6er- Einmaleins rot,
8er- Einmaleins blau
und 9er- Einmaleins gelb an!

Langsam wird es Abend. Opa liest den Kindern noch eine Geschichte vor, ehe er sie ins Bett bringt. Die Zwillinge finden keinen Schlaf. „Glaubst du, dass die Maschine den Erfinder einfach geschluckt hat?“, fragt Anna. „Das kann ich mir nicht vorstellen“, antwortet Felix. Die Kinder finden keine Ruhe. Sie kriechen aus ihren Betten und schleichen auf Zehenspitzen durchs Haus. Es brennt kein Licht mehr. Großvater ist wohl schon schlafen gegangen.
Endlich stehen sie vor der verschlossenen Tür. „Wo ist bloß der Schlüssel?“, rätselt Felix. Da erinnert sich Anna an Opas Kästchen, in dem er all seine Schlüssel aufbewahrt.

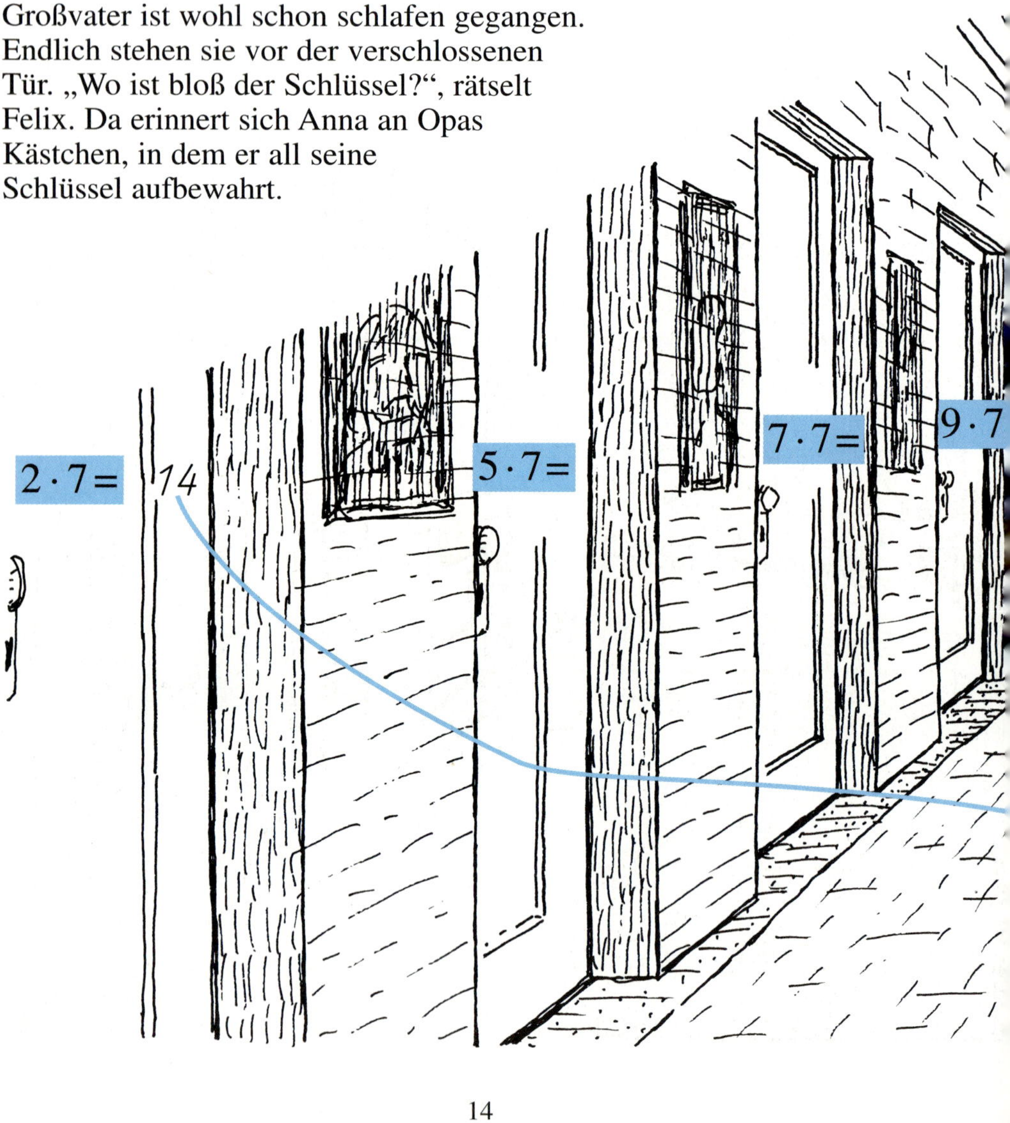

8 *Das Kästchen ist voll von Schlüsseln. Zu jeder Tür gehört einer. Nur welcher ist der richtige?*

- *Rechne die Aufgaben, die auf den Türen stehen, und verbinde sie mit den Ergebniszahlen auf den Schlüsseln.*

Ein Schlüssel bleibt übrig. Er öffnet die Tür zur geheimnisvollen Maschine.

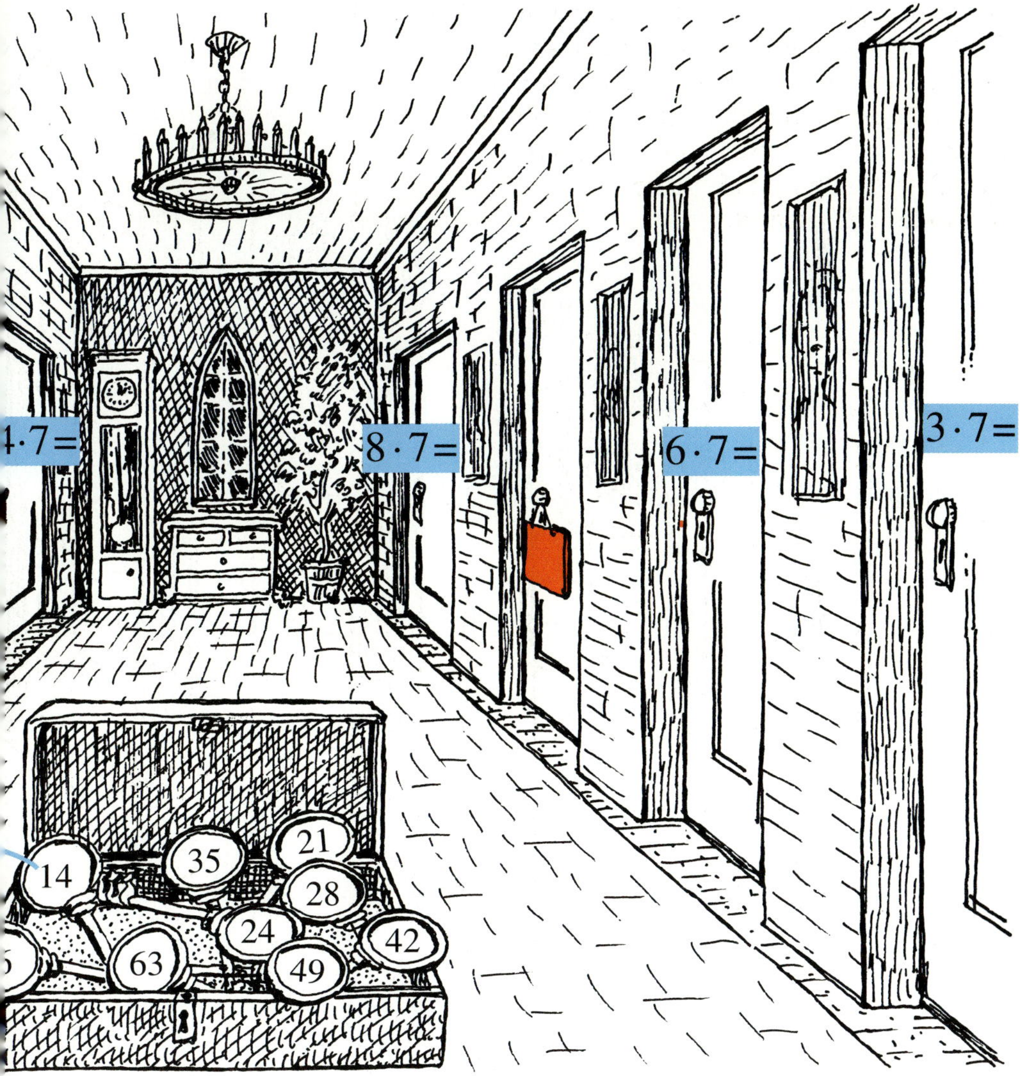

Die Kinder sperren die Tür fast lautlos auf. Da staunen sie. Die Maschine leuchtet noch viel bunter, als sie es sich vorstellen konnten. Vorsichtig tasten sie sich heran. Es ist so hell, dass die Zwillinge die Augen etwas zukneifen müssen. „Sieh nur, Felix, hier ist eine große Schalttafel!“, flüstert Anna aufgeregt. „Auf ihr blinkt etwas Grünes.“

9 *Rechne die Aufgaben. Male die Kästchen mit den entsprechenden Ergebniszahlen (auf der rechten Seite) grün an. Dann siehst du, was auf der Schalttafel geschrieben steht.*

210 – 20 = 190
190 + 30 = ____
320 – 30 = ____
380 + 40 = ____
140 – 60 = ____
260 + 50 = ____

430 – 40 = ____
590 + 70 = ____
620 – 50 = ____
470 + 60 = ____
550 – 60 = ____
830 + 80 = ____

830 – 80 = ____
740 + 90 = ____
740 – 70 = ____
650 + 80 = ____
910 – 90 = ____
880 + 70 = ____

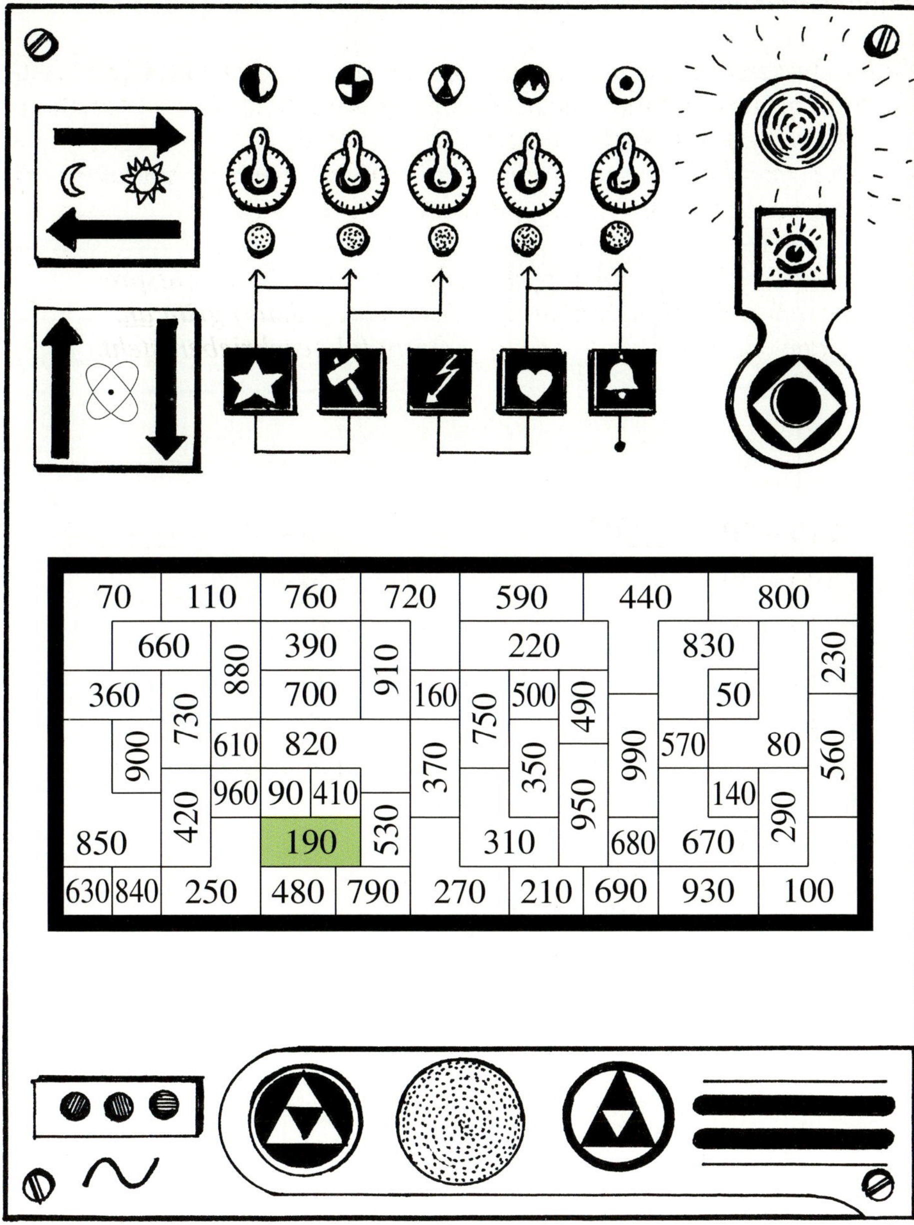

In der nächsten Aufgabe erfährst du, was es mit diesen Symbolen auf sich hat!

Die Zwillinge starren aufgeregt auf die geheimnisvolle Maschine. „Was haben die grünen Symbole nur zu bedeuten?“, rätseln sie.

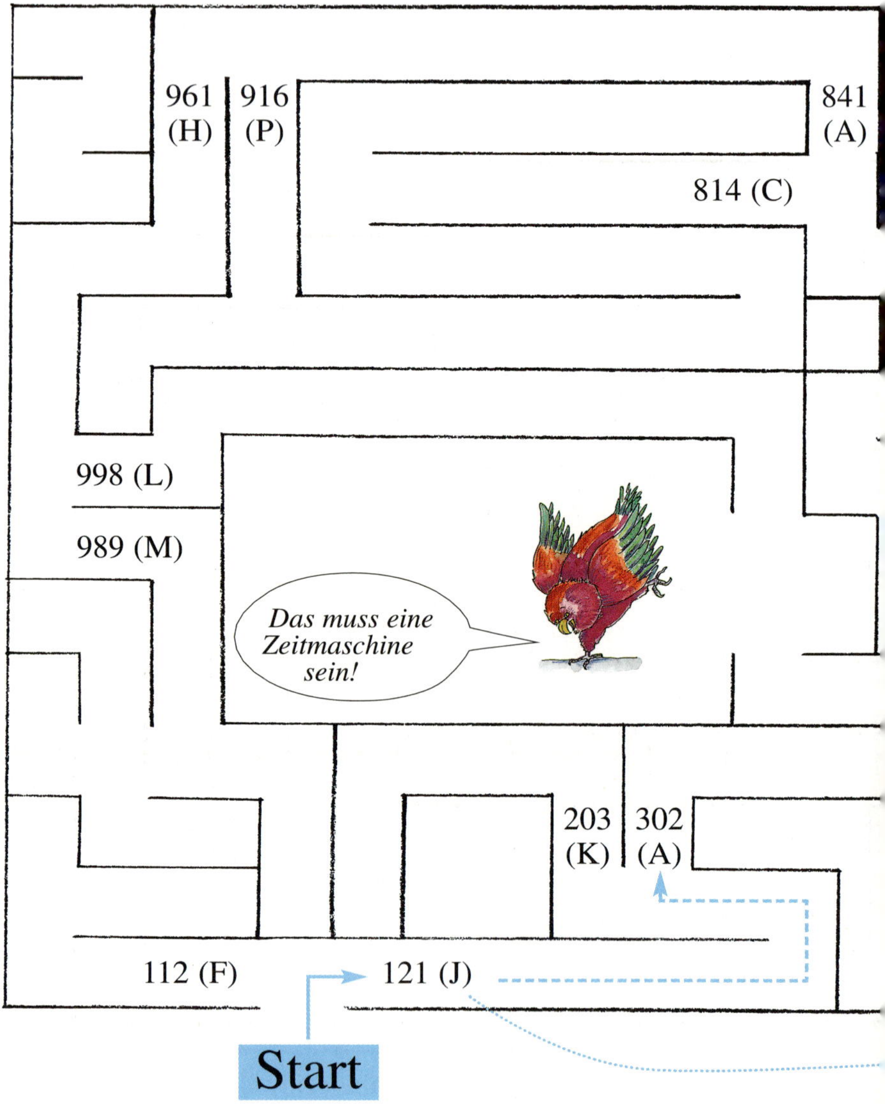

Findest du durch das Labyrinth zu Paulchen?

10

- *Zeichne den Weg ein! Beginne bei START. Folge an jeder Abzweigung der höheren Zahl!*
- *Unterwegs musst du die Buchstaben sammeln und der Reihe nach in die Kästchen (ganz unten) einsetzen.*

Sie verraten dir, was die grünen Symbole auf der Schalttafel zu bedeuten haben!

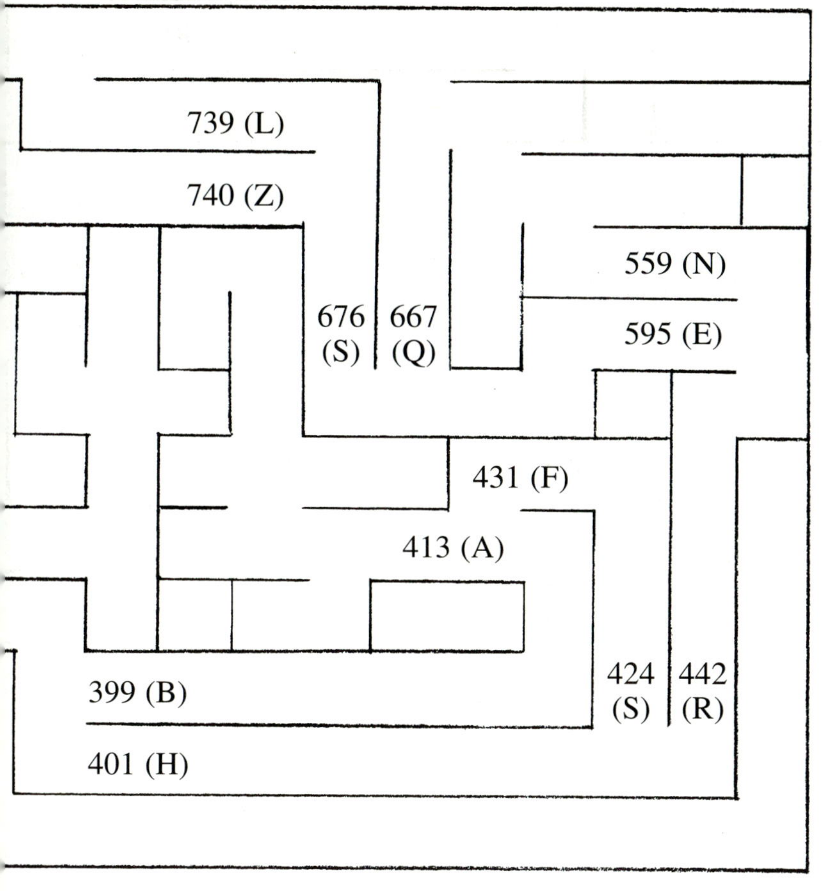

Die grünen Symbole stellen eine J A _ _ _ _ _ _ _ _ _ _ dar.

Neugierig berührt Felix mit seinen Fingern die Schalttafel. Auf einmal beginnt der Boden zu beben. Die Wände wackeln. Die Maschine flimmert und rasselt. Die Zwillinge haben Angst. Sie nehmen sich fest an die Hand. Ein rasender Windsturm bläst durchs ganze Zimmer. Es dröhnt und singt in den Ohren von Anna und Felix.
Dann hören sie plötzlich ein tiefes Rauschen. Die Luft ist warm und feucht. „Was ist passiert? Wo sind wir?“, ruft Felix.

$8 \cdot 3 =$ ____	$36 : 4 =$ ____	$5 \cdot 6 =$ ____
$4 \cdot 8 =$ ____	$40 : 8 =$ ____	$6 \cdot 7 =$ ____
$7 \cdot 9 =$ ____	$49 : 7 =$ ____	$8 \cdot 6 =$ ____
$9 \cdot 9 =$ ____	$72 : 9 =$ ____	$7 \cdot 8 =$ ____

Wo sind die Kinder gelandet?

11

- *Rechne die Aufgaben auf der linken Seite!*
- *Schneide dann die Rechtecke mit den Lösungszahlen (unten) aus und klebe sie auf das richtige Aufgabenfeld!*

Wenn du alles richtig gemacht hast, dann siehst du, wo sich die Zwillinge befinden.

63	**30**	**8**
56	**32**	**5**
42	**24**	**48**
7	**81**	**9**

Die Zwillinge können noch gar nicht fassen, was passiert ist. Sie sitzen mit offenem Mund und großen, staunenden Augen da. Plötzlich hört Anna dicht neben sich ein Geräusch. „Was war das?“, schreit sie erschrocken. Die Kinder haben gar nicht bemerkt, dass sie nicht alleine im Zimmer des Erfinders waren. Kannst du dir vorstellen, wer die beiden begleitet hat?

✎ **12** *Verbinde die Zahlen von 8 bis 336! Beginne mit 8 und zähle immer 8 dazu, dann siehst du, wer die Zwillinge begleitet hat. Vorsicht! Es haben sich hier auch noch andere Zahlen versteckt!*

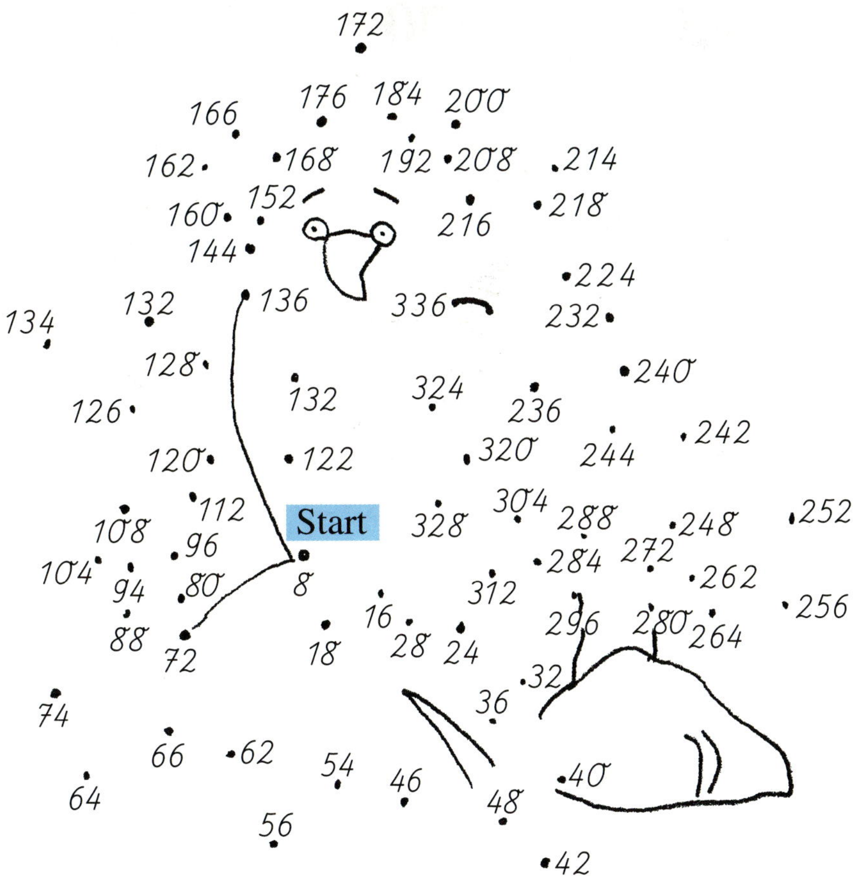

Die Zeitmaschine hat Anna und Felix in ein anderes Jahrhundert zurückversetzt.

✎ **13** *Auf den Bildern siehst du Dinge, die in dieser Zeit eine große Bedeutung hatten.*

- *Verbinde jedes Bild mit seinem Umriss und schreibe den Buchstaben neben dem Bild in den entsprechenden Umriss.*
- *Lies dann die Buchstaben (in den Umrissen) der Reihe nach, und du erfährst, wie man die Zeit nennt, in die Anna und Felix versetzt wurden.*

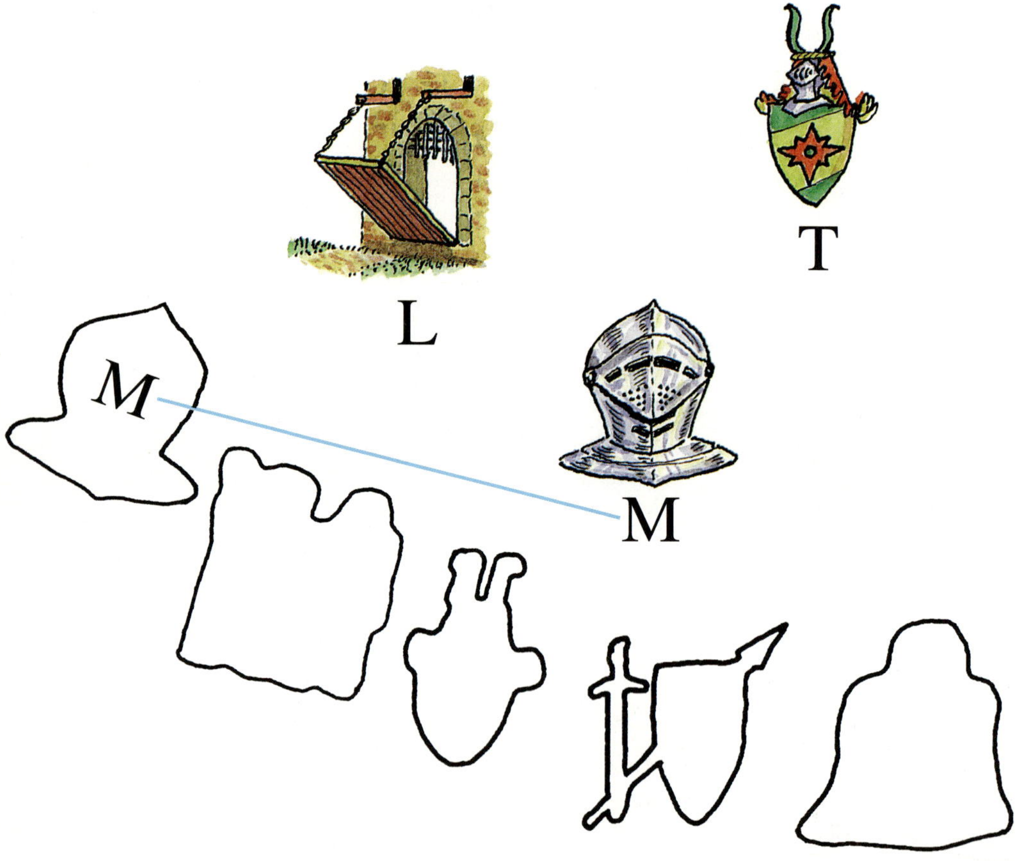

T

T

L

R

I

A

E

E

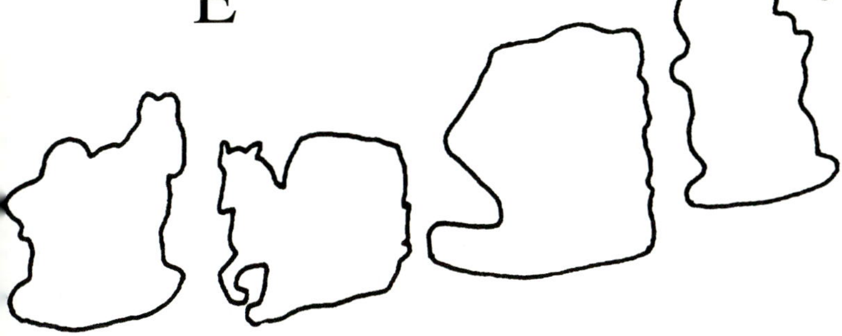

Strecke ____

Die Kinder können nicht fassen, was mit ihnen geschehen ist. Völlig allein stehen sie in einer fremden Welt. „Hier sind Pferdespuren! Da waren wohl Reiter unterwegs!“, staunt Anna. „Wir müssen den Spuren folgen, dann werden wir auf Menschen stoßen“, schlägt Felix vor. So machen sie sich auf den Weg, bis sie schließlich eine kleine Stadt erreichen.

Die Kinder gehen folgenden Weg:
Start – See – Felsen – Brücke – Burgruine – Windräder – Stadt.

✎ **14**

- *<u>Zeichne</u> den Weg der Kinder auf der Karte <u>mit Lineal ein</u>.*
- *<u>Miss</u> den Weg mit dem Lineal <u>aus</u> und <u>zähle</u> die Zentimeter <u>zusammen</u>.*

5 cm + ____________________

Kurz vor dem Stadttor merken die Kinder, dass diese Menschen ganz anders gekleidet sind. Ängstlich verstecken sie sich hinter einem Busch. „Wer weiß, was mit uns geschieht, wenn sie uns entdecken. Denen müssen wir wie Wesen von einem anderen Stern vorkommen", flüstert Anna. Sie blicken sich ängstlich um, da entdecken sie vor einem Haus eine Wäscheleine. Schon haben sie eine Idee: Sie tauschen ihre Kleidung gegen die Kleidung an der Wäscheleine. Dann werden sie so aussehen wie die Kinder in der Ritterzeit.

15

- *Rechne die Aufgaben auf den Kleidungsstücken. Ihre Ergebnisse verraten dir, welche Kleidung die Kinder gegen ihre eintauschen.*
- *Anna zieht die Kleidungsstücke mit dem Ergebnis 37 an. Male ihre Hose blau, ihr Oberteil rot an!*
- *Felix passt die Kleidung mit dem Ergebnis 43. Male seine Hose braun und seinen Pulli gelb an!*

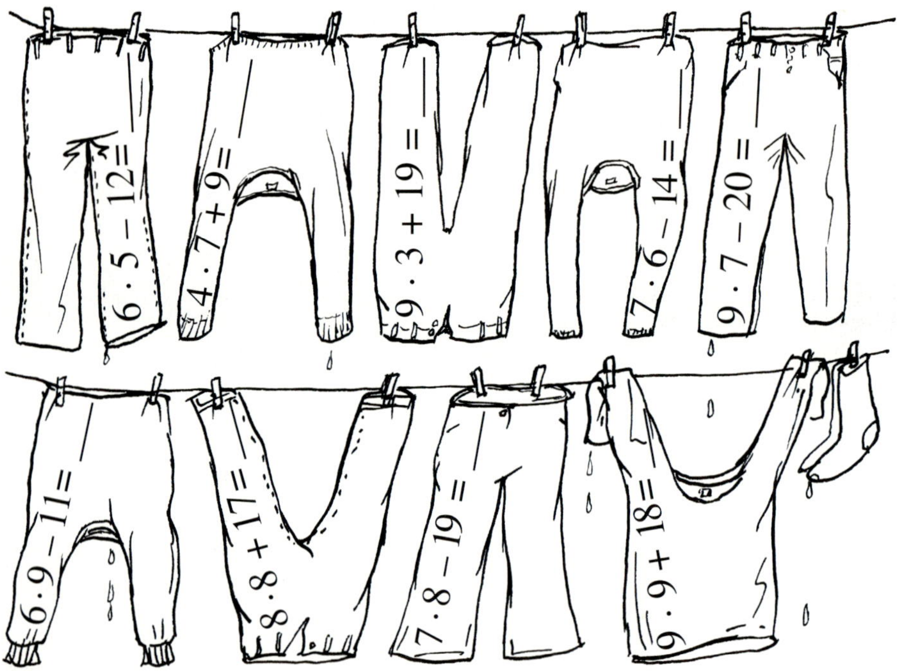

In ihren neuen Kleidern trauen sich die Kinder in die Stadt hinein. Auf dem Marktplatz tummeln sich viele Leute. Ein Schmied beschlägt ein Pferd, während einige Marktschreier ihre Waren lautstark anpreisen. „Schau, die vielen Viehkarren!“, ruft Felix. „Lass uns zusehen, wie die Tiere auf dem Markt verkauft werden!“ Die Zwillinge beobachten, wie ein Bauer ein Pferd, ein Schwein, eine Gans und ein Huhn kauft. Der Bauer zahlt natürlich nicht in DM und Pf. In der Ritterzeit zahlte man in Goldgulden und Kreuzern.

16 *Rechnet man die Preise der Tiere in DM um, kostet das Pferd 265 DM, das Schwein 58 DM, die Gans 12 DM und das Huhn 7 DM. Wie viel DM muss der Bauer für die vier Tiere insgesamt zahlen? Hier siehst du fünf Rechnungen, aber nur ein Ergebnis ist richtig.*

- *Prüfe die Rechnungen! Streiche die falschen Ergebnisse mit einem roten Stift durch!*

	265 DM
+	12 DM
+	58 DM
+	7 DM
	432 DM

	58 DM
+	12 DM
+	265 DM
+	7 DM
	324 DM

	7 DM
+	12 DM
+	58 DM
+	265 DM
	332 DM

	12 DM
+	265 DM
+	7 DM
+	58 DM
	342 DM

	58 DM
+	7 DM
+	12 DM
+	265 DM
	323 DM

17 *Bezahle nun den Betrag!*
<u>Kreise</u> die Scheine und Münzen, die du dazu benötigst, mit einem Farbstift <u>ein</u>!

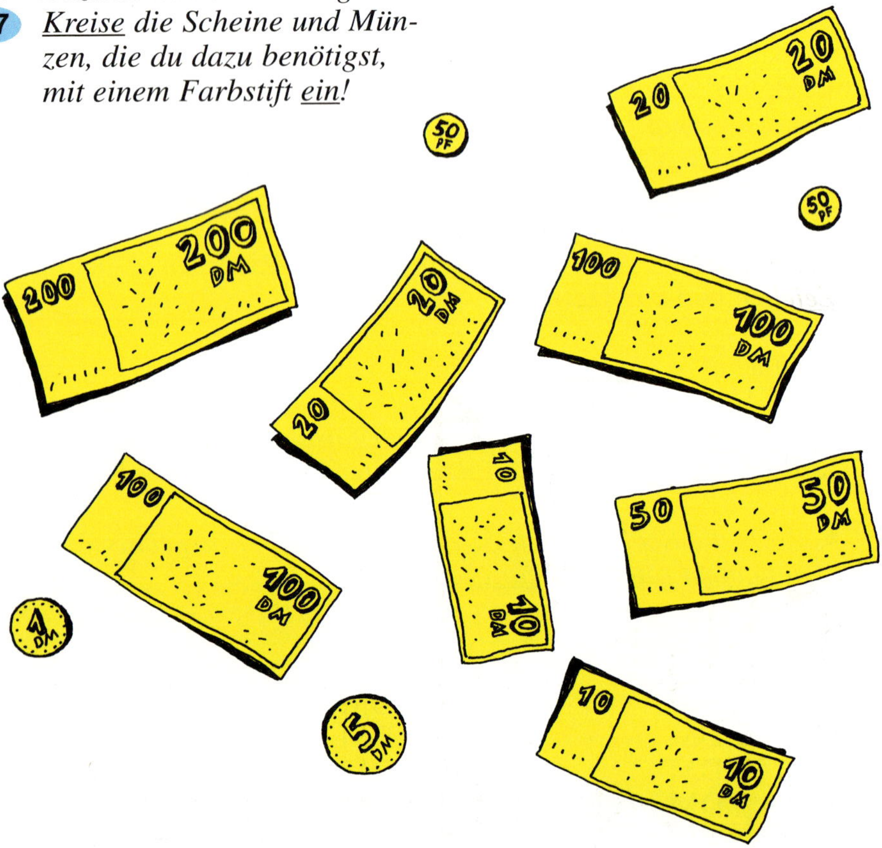

18 *Wie viel DM bekommst du zurück, wenn du diesen Betrag mit einem 500-DM-Schein bezahlst?*

Rechnung:

Anna und Felix sind von der Stadt begeistert. Tief beeindruckt schauen sie sich alles genau an. „Am besten gefällt mir das alte Rathaus auf dem Marktplatz!“, strahlt Felix.

✎ **19** *Wenn du einen Spiegel nimmst und ihn auf die Linie (Seitenmitte) stellst, siehst du das Rathaus in seiner ganzen Pracht. Schaffst du es nun, die fehlende Hälfte zu ergänzen? Zeichne das Rathaus fertig!*

Auf dem Marktplatz kündigen drei Ritter ein Turnier an. Es soll im Tal vor den Kalkfelsen stattfinden. „Da würde ich gerne zuschauen!“, sagt Anna. „Das wäre super! Ein echtes Ritterturnier!“, begeistert sich Felix. Die Zwillinge haben Glück, denn die Kalkfelsen sind nicht schwer zu finden. Sie sind so groß, dass man sie schon von der Stadt aus sieht. Das Turnier findet um 12.15 Uhr statt.

✎ **20** *Wenn die Zwillinge um 9.20 Uhr losgehen und um 11.58 Uhr beim Turnier ankommen, wie lange waren sie dann unterwegs? <u>Rechne</u> auf deinem Block!*

______ Std. ______ Min.

Start: 9.20 Uhr　　　　Ankunft: 11.58 Uhr

✎ **21** *Wenn Anna und Felix noch eine Rast machen wollen, brauchen sie insgesamt 3 Stunden 5 Minuten zum Turnier. Wann müssen sie losgehen, wenn sie pünktlich um 12.15 Uhr beim Turnier ankommen wollen? <u>Rechne</u> auf deinem Block!*

3 Std. 5 Min.

Start: ______ Uhr　　　　Ankunft: 12.15 Uhr

Auf dem Weg zum Ritterturnier machen die Zwillinge eine seltsame Entdeckung. Direkt am Wegrand liegt ein Geldbeutel. „Den muss jemand verloren haben“, überlegen die Kinder. „Lass uns nachsehen, ob etwas darin ist!“, schlägt Anna vor. Die Zwillinge sind neugierig und öffnen ihren Fund. „Aber sieh nur, das sind ja DM und Pf“, wundert sich Felix. „Wie kommen denn die hierher?“, rätselt Anna.

22 *Wie viel Geld haben die Kinder gefunden? Nur eine Kommazahl gibt den richtigen Geldbetrag an! Welche ist es? Kreise sie ein!*

48,73 DM   47,89 DM

48,76 DM   47,86 DM   48,79 DM

Wenn du dich jetzt entspannen möchtest, kannst du auf Seite 68/69 ein Mandala ausmalen!

Die Zwillinge zerbrechen sich den Kopf: „Warum sind in dem Geldbeutel keine Gulden, sondern DM und Pf?“ Aufgeregt durchsuchen sie ihren seltsamen Fund. „Sieh nur, Anna, da ist ein Foto! Das muss der Besitzer des Geldbeutels sein“, vermutet Felix. Aufgebracht flattert Paulchen und reißt seinen Schnabel weit auf: „Ich glaub’s nicht, ich glaub’s nicht! Das ist ja der Erfinder, der in Opas Haus gewohnt hat!“

✎ *Finde heraus, wie der Erfinder heißt!*

23
- *Rechne die Aufgaben!*
- *Suche die Ergebniszahlen in den Kästchen und setze die Buchstaben (hinter den Aufgaben) richtig ein.*

(**Achtung!** Die kleinen Punkte sollen für dich eine Arbeitshilfe sein. Du sollst diese Punkte nicht zeichnen!)

605 + 64 = 669 → U

349 – 32 = ______ → P

416 + 52 = ______ → V

242 + 57 = ______ → G

489 – 65 = ______ → R

192 – 16 = ______ → T

814 + 49 = ______ → I

753 – 39 = ______ → A

726 + 37 = ______ → S

692 – 48 = ______ → G

538 + 49 = ______ → S

Vorname:

644	669	763	176	714	468
	U				

Nachname:

299	424	863	317	587

Anna und Felix denken angestrengt nach. Plötzlich schreit Felix auf: „Dann muss ja der Erfinder auch hier sein! Sicher ist er wie wir in die Zeit der Ritter versetzt worden! Wir müssen ihn unbedingt finden! Nur er kann uns zurück nach Hause bringen!“ Die beiden spüren, dass sie ein großes Abenteuer erwartet.

Das Abenteuer bringt knifflige Aufgaben mit sich, die nur kluge Köpfe lösen können. Ein kluges Köpfchen braucht jedoch viel Training! Hier sollst du deine Denkfähigkeit üben!

24 *Belege die leeren Kästchen mit den fehlenden Zahlen von 1 bis 9! Du darfst jede Zahl nur einmal verwenden. Die magische Zahl ist 15. Das bedeutet, wenn du die drei Zahlen in jeder Reihe (waagerecht, senkrecht und diagonal) zusammenzählst, erhältst du 15 als Ergebnis.*

25 *In diesem magischen Turm ergeben zwei nebeneinander stehende Zahlen die darüber liegende Zahl. Findest du die fehlenden Zahlen?*

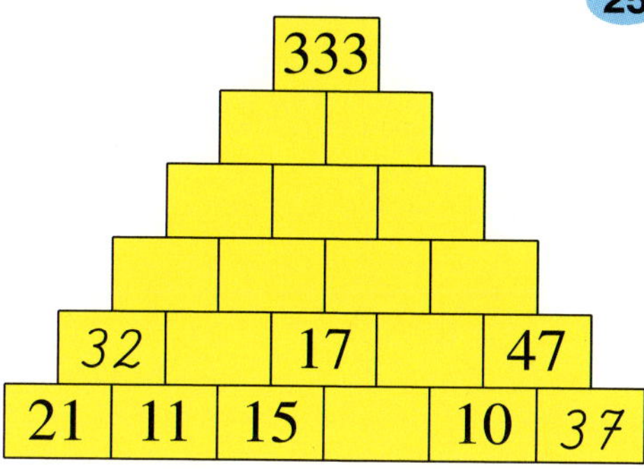

Zwei Tage sind vergangen, an denen die Kinder den Erfinder ohne Erfolg gesucht haben. Jetzt sind sie völlig erschöpft und verzweifelt.
„Er ist der Einzige, der weiß, wie wir wieder nach Hause kommen", sagt Felix müde. Anna hat eine Idee: „Erinnerst du dich noch an die Magierin, die mit ihrem alten Pferdefuhrwerk vor dem Stadttor stand? Vielleicht weiß sie etwas über den Erfinder. Wenn uns überhaupt noch etwas helfen kann, dann sind es wahrscheinlich magische Kräfte. Los, gehen wir!"
Gesagt, getan. Die Kinder kommen zum Stadttor. Sie erschrecken, denn die Magierin sieht unheimlich aus und riecht merkwürdig.

26 *Rechne die Aufgaben! Dann weißt du, wie du das Bild auf* *Seite 37* *ausmalen musst! Vorsicht! Manche Zahlen sind in der Figur* ***zweimal*** *enthalten, du musst also* ***zweimal*** *ausmalen!*

103	306	238
+ 15	+ 112	+ 441
118	___	___
(gelb)	(braun)	(rot)

135	307	231	473
+ 116	+ 258	+ 759	+ 352
___	___	___	___
(grau oder schwarz)	(blau)	(grün)	(lila)

Lösungen zu 653

Lernspaß – Mathe

1

2

rot

6 · 2 = 12
4 · 4 = 16
6 · 10 = 60
7 · 2 = 14
5 · 4 = 20
9 · 10 = 90
9 · 2 = 18
7 · 10 = 70

grün

5 · 5 = 25
6 · 4 = 24
10 · 10 = 100
5 · 8 = 40
7 · 4 = 28
6 · 5 = 30
9 · 4 = 36

blau

6 · 8 = 48
8 · 4 = 32
7 · 5 = 35
8 · 8 = 64
9 · 5 = 45
9 · 8 = 72
7 · 8 = 56

gelb

16 : 4 = 4
25 : 5 = 5
24 : 4 = 6
100 : 10 = 10
24 : 8 = 3
64 : 8 = 8
36 : 4 = 9
56 : 8 = 7

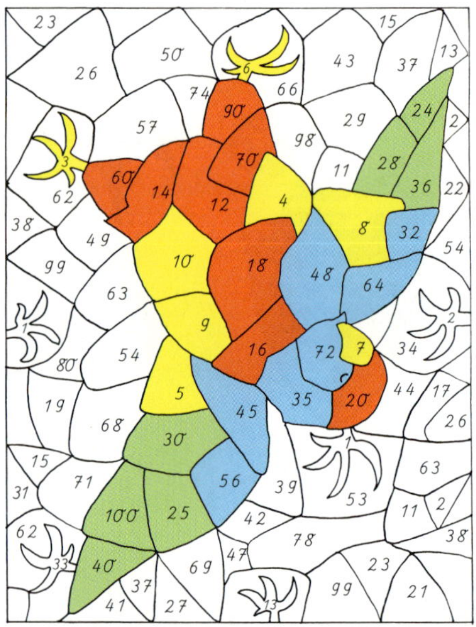

Wenn du das Bild umdrehst, kannst du Papagei Paulchen erkennen.

3

vorher:

nachher:

4

S	T	R	E	N	G
81	63	7	36	4	3

G	E	H	E	I	M
21	72	5	54	6	8

5 Schrauben: 875g Stoff: 700g grüne Farbe: 1kg 115g oder 1115g

6 Drähte:

oder

oder

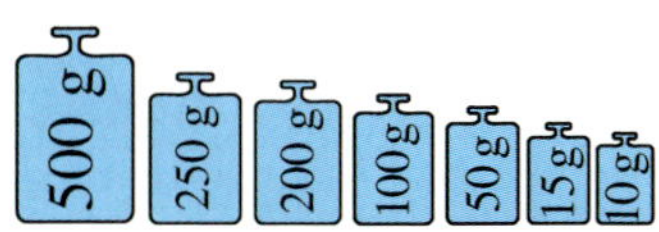

Nägel:

oder

7

8

2 · 7 = <u>14</u> 4 · 7 = <u>28</u>
5 · 7 = <u>35</u> 8 · 7 = <u>56</u>
7 · 7 = <u>49</u> 6 · 7 = <u>42</u>
9 · 7 = <u>63</u> 3 · 7 = <u>21</u>

Der Schlüssel mit der Zahl <u>24</u> bleibt übrig. Er öffnet die Tür zur geheimnisvollen Maschine.

9

210 – 20 = 190	430 – 40 = <u>390</u>	830 – 80 = <u>750</u>
190 + 30 = <u>220</u>	590 + 70 = <u>660</u>	740 + 90 = <u>830</u>
320 – 30 = <u>290</u>	620 – 50 = <u>570</u>	740 – 70 = <u>670</u>
380 + 40 = <u>420</u>	470 + 60 = <u>530</u>	650 + 80 = <u>730</u>
140 – 60 = <u>80</u>	550 – 60 = <u>490</u>	910 – 90 = <u>820</u>
260 + 50 = <u>310</u>	830 + 80 = <u>910</u>	880 + 70 = <u>950</u>

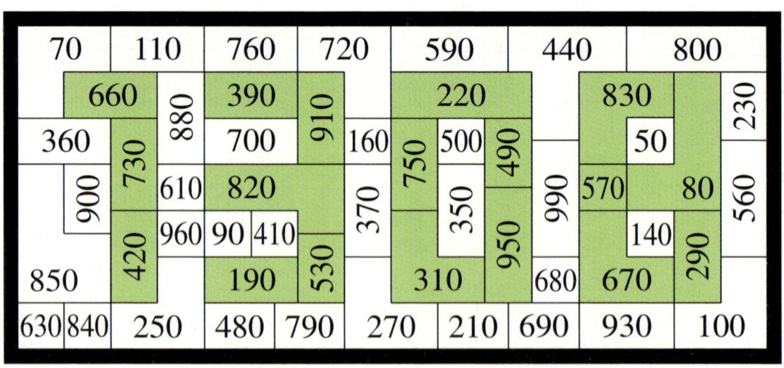

10 Die grünen Symbole stellen eine <u>Jahreszahl</u> dar.

11

Die Zwillinge landen an einem Flussufer.

12

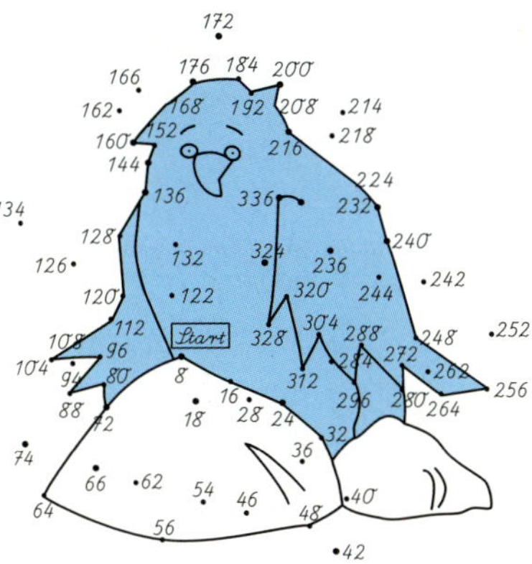

Erkennst du Papagei Paulchen hinter den Steinen?

13 Anna und Felix wurden ins Mittelalter versetzt.

14 Strecken:

Start – See:	5 cm
See – Felsen:	4 cm
Felsen – Brücke:	6 cm
Brücke – Burgruine:	3 cm
Burgruine – Windräder:	8 cm
Windräder – Stadt:	+ 6 cm
Die gesamte Strecke ist:	32 cm lang.

15

16 Das Ergebnis 342 DM ist richtig.

17 Du kannst den Betrag auf folgende Arten bezahlen:

oder:

18 Bezahlst du diesen Betrag mit einem 500-DM-Schein, bekommst du 158 DM zurück.

Du rechnest so:

$$\begin{array}{r} 500\text{ DM} \\ -\ 342\text{ DM} \\ \hline 158\text{ DM} \end{array}$$

19

20

9.20 Uhr —— 40 Min. ——→ 10.00 Uhr

10.00 Uhr —— 1 Std. ——→ 11.00 Uhr

11.00 Uhr —— 58 Min. ——→ 11.58 Uhr

40 Min. + 1 Std. + 58 Min. = 1 Std. + 98 Min. = <u>2 Std. 38 Min.</u>

<u>2 Std. 38 Min.</u>

Start: 9.20 Uhr —————— Ankunft: 11.58 Uhr

21

12.15 Uhr (Ankunft) —— 3 Std. zurück ——→ 9.15 Uhr

9.15 Uhr —— 5 Min. zurück ——→ 9.10 Uhr

3 Std. 5 Min.

<u>Start: 9.10 Uhr</u> —————— Ankunft: 12.15 Uhr

22 Die Kinder haben <u>48,79 DM</u> gefunden.

23

605 + 64 = 669
349 − 32 = 317
416 + 52 = 468
242 + 57 = 299
489 − 65 = 424
192 − 16 = 176
814 + 49 = 863
753 − 39 = 714
726 + 37 = 763
692 − 48 = 644
538 + 49 = 587

Der Erfinder heißt:

Vorname:

644	669	763	176	714	468
G	U	S	T	A	V

Nachname:

299	424	863	317	587
G	R	I	P	S

24

15

6	7	2
1	5	9
8	3	4

25

333
173 160
101 72 88
58 43 29 59
32 26 17 12 47
21 11 15 2 10 37

26

27 Die Burg von König Arthur heißt: Burg Finsterwald.

28

29

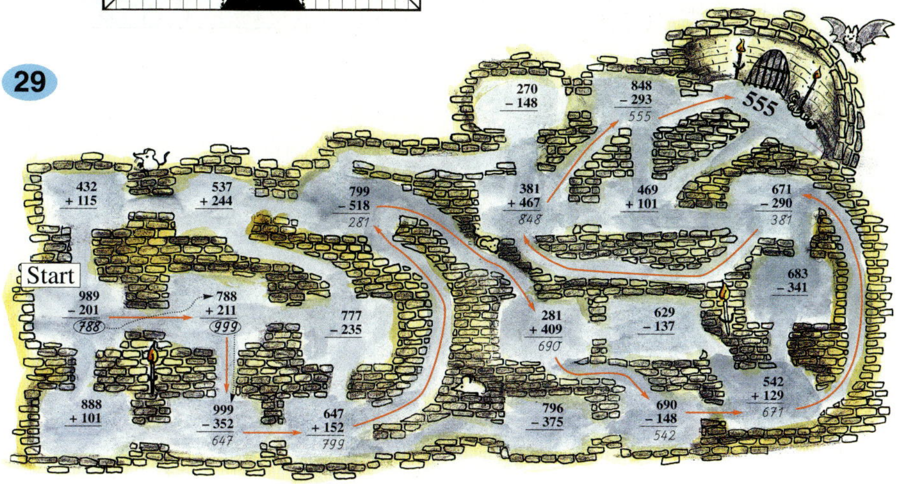

30 … NÄHE … PLAN … PERLEN … GEFAHREN …

31

2 km	100 m
+ 1 km	340 m
+ 1 km	
+ 3 km	155 m
+	405 m
7 km	1000 m

1000 m = 1 km

7 km + 1 km = <u>8 km</u>

Der Weg bis zum Wald der tausend Stimmen ist <u>8 km</u> lang.

32

Hier haben sich 14 Vögel versteckt. Wenn du Papagei Paulchen auf Annas Schulter dazugezählt hast, sind es 15 Vögel.

33

24 : 3 + 11 = 19
4 · 8 – 15 = 17
6 · 5 + 24 = 54
36 : 9 + 27 = 31
5 · 7 – 14 = 21
45 : 5 + 24 = 33
48 : 8 + 36 = 42
7 · 9 – 16 = 47
8 · 8 + 29 = 93

Die Kinder erreichen auf einem Baumstamm das Ufer.

34

382 – 179 = 203

576 – 258 = 318

787 – 328 = 459

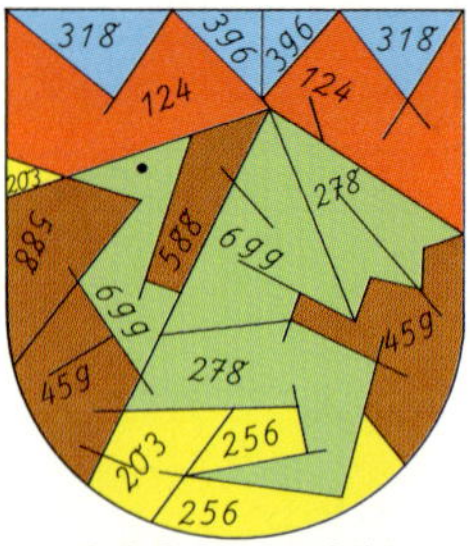

Erkennst du den grünen Drachen auf dem Wappen?

313 – 189 = 124

534 – 278 = 256

846 – 568 = 278

651 – 255 = 396

972 – 384 = 588

896 – 197 = 699

35

70 ℓ + 30 ℓ = 1 hℓ
95 ℓ + 5 ℓ = 1 hℓ
19 ℓ + 81 ℓ = 1 hℓ
67 ℓ + 33 ℓ = 1 hℓ
38 ℓ + 62 ℓ = 1 hℓ

Das Fass mit 51 ℓ bleibt übrig.
43 ℓ + 57 ℓ = 1 hℓ
86 ℓ + 14 ℓ = 1 hℓ
41 ℓ + 59 ℓ = 1 hℓ
22 ℓ + 78 ℓ = 1 hℓ

Der unterirdische Gang verbirgt sich hinter dem Fass, das 51 ℓ enthält.

36

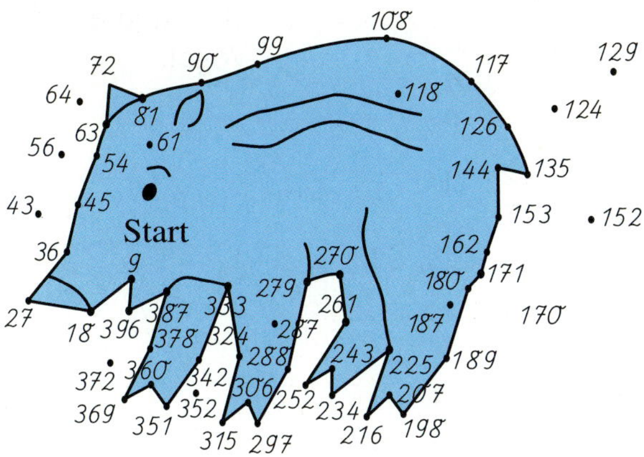

Gefällt dir das Wildschwein?

37

1) $3 \cdot 24$
$3 \cdot 20 = 60$
$3 \cdot 4 = 12$
$3 \cdot 24 = 72$

2) $6 \cdot 53$
$6 \cdot 50 = 300$
$6 \cdot 3 = 18$
$6 \cdot 53 = 318$

3) $5 \cdot 49$
$5 \cdot 40 = 200$
$5 \cdot 9 = 45$
$5 \cdot 49 = 245$

4) $4 \cdot 68$
$4 \cdot 60 = 240$
$4 \cdot 8 = 32$
$4 \cdot 68 = 272$

5) $6 \cdot 76$
$6 \cdot 70 = 420$
$6 \cdot 6 = 36$
$6 \cdot 76 = 456$

6) $\underline{\quad 9 \cdot 58 \quad}$

$9 \cdot 50 = 450$
$9 \cdot 8 = 72$
$9 \cdot 58 = 522$

7) $\underline{\quad 8 \cdot 98 \quad}$

$8 \cdot 90 = 720$
$8 \cdot 8 = 64$
$8 \cdot 98 = 784$

8) $\underline{\quad 7 \cdot 74 \quad}$

$7 \cdot 70 = 490$
$7 \cdot 4 = 28$
$7 \cdot 74 = 518$

Anna und Felix entdecken ein: Krokodil.

38 160 mm + 200 mm – 120 mm + 700 mm – 430 mm +
+ 190 mm = 700 mm
= 70 cm
= 7 dm

Die Kette ist 7dm lang.

39

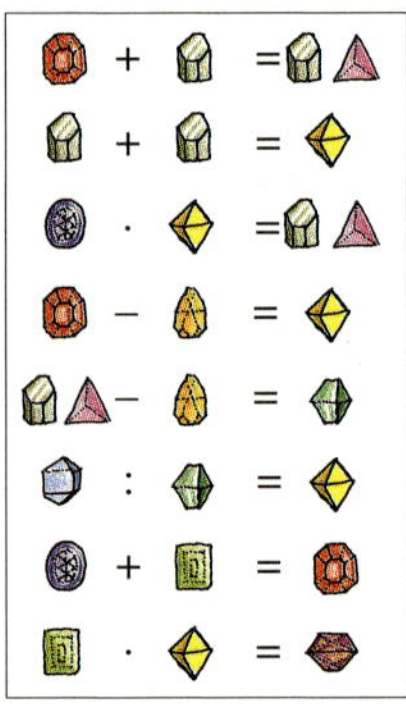

9	+	1	=	10
1	+	1	=	2
5	·	2	=	10
9	–	7	=	2
10	–	7	=	3
6	:	3	=	2
5	+	4	=	9
4	·	2	=	8

40

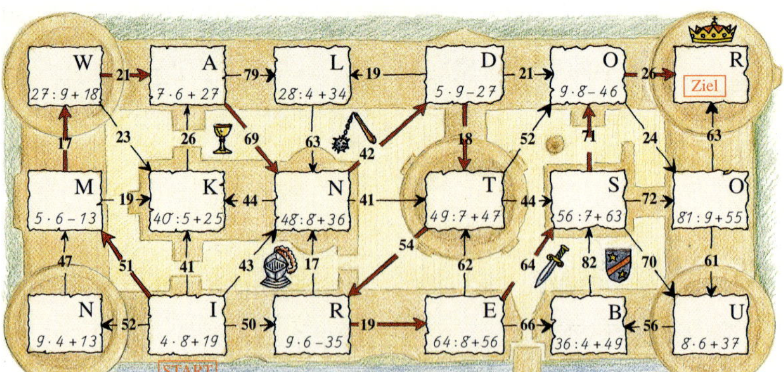

König Arthur hat seine Krone im Wandtresor aufbewahrt.

41 Wie lange sind die Kinder bis zur Burg unterwegs?

45 Min. + 20 Min. + 1Std. 30 Min. + 40 Min. + 2 Std. 15 Min.
= 3 Std. 150 Min. = 5 Std. 30 Min.

Anna und Felix sind 5 Std. 30 Min. unterwegs.

42 Um wie viel Uhr kommen sie bei der Burg an?

15.15 Uhr (Start) ⊢— 45 Min. —⊣ 16.00 Uhr (bis zum Felsengebirge)

16.00 Uhr ⊢— 20 Min. —⊣ 16.20 Uhr (Pause)

16.20 Uhr ⊢— 1 Std. 30 Min. —⊣ 17.50 Uhr (bis zum Wald der tausend Stimmen)

17.50 Uhr ⊢— 40 Min. —⊣ 18.30 Uhr (Pause)

18.30 Uhr ⊢— 2 Std. 15 Min. —⊣ 20.45 Uhr (bis zur Burg)

oder:

15.15 Uhr (Start) ⊢— 5 Std. 30 Min. —⊣ 20.45 Uhr (Burg)

Die Kinder erreichen um 20.45 Uhr die Burg.

43

5 · 43	4 · 97	7 · 47
5 · 40 = 200	4 · 90 = 360	7 · 40 = 280
5 · 3 = 15	4 · 7 = 28	7 · 7 = 49 Ä
5 · 43 = 215 E	4 · 97 = 388 U	7 · 47 = 329 T
6 · 97 R	8 · 69 R	7 · 98 K
6 · 90 = 540	8 · 60 = 480	7 · 90 = 630 B
6 · 7 = 42	8 · 9 = 72 A	7 · 8 = 56
6 · 97 = 582 E	8 · 69 = 552 F	7 · 98 = 686 Z

686	72	388	630	215	69	98	97	49	552	329	582
Z	A	U	B	E	R	K	R	Ä	F	T	E

Man sagt, das Schwert habe: Zauberkräfte.

44

108 : 3 = 36	170 : 5 = 34	141 : 3 = 47
90 : 3 = 30	150 : 5 = 30	120 : 3 = 40
18 : 3 = 6	20 : 5 = 4	21 : 3 = 7
108 : 3 = 36	170 : 5 = 34	141 : 3 = 47
252 : 4 = 63	348 : 6 = 58	536 : 8 = 67
240 : 4 = 60	300 : 6 = 50	480 : 8 = 60
12 : 4 = 3	48 : 6 = 8	56 : 8 = 7
252 : 4 = 63	348 : 6 = 58	536 : 8 = 67
648 : 9 = 72	632 : 8 = 79	588 : 7 = 84
630 : 9 = 70	560 : 8 = 70	560 : 7 = 80
18 : 9 = 2	72 : 8 = 9	28 : 7 = 4
648 : 9 = 72	632 : 8 = 79	588 : 7 = 84

Die **ritterlichen Feiern** und **Feste** gefallen Anna und Felix am besten am Leben auf der Burg.

45

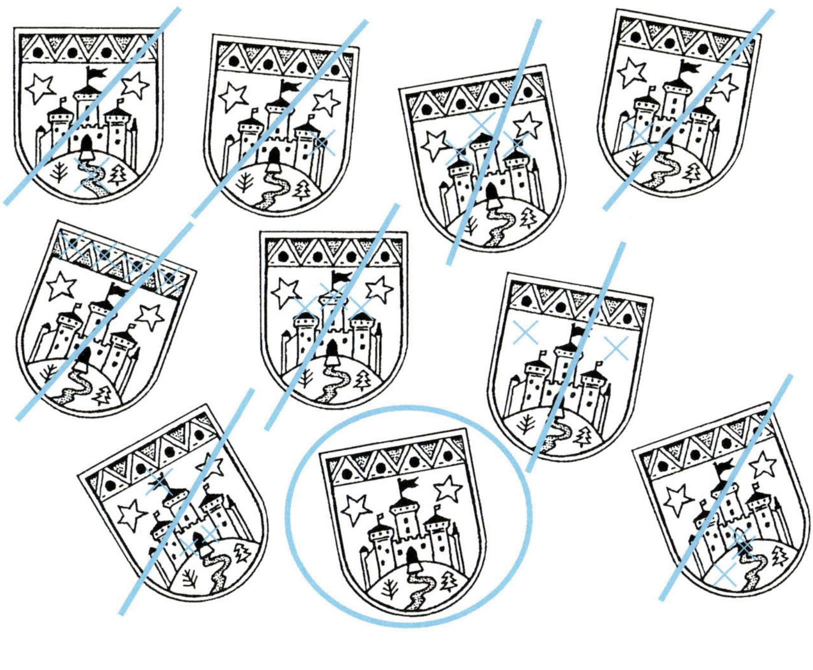

46 Welche Idee hat Felix? „Vielleicht kann mir die Magierin helfen.“

47

1 Min. 30 Sek. = 90 Sek.
3 Min. 10 Sek. = 190 Sek.
2 Min. 55 Sek. = 175 Sek.
1 Std. 10 Min. = 70 Min.
4 Std. 30 Min. = 270 Min.
500 mm = 50 cm
500 cm = 5 m
8000 m = 8 km
60 Pf = 0,60 DM
600 Pf = 6 DM
0,40 DM = 40 Pf
3,5 kg = 3500 g
0,35 kg = 350 g
0,048 kg = 48 g
4,8 t = 4800 kg

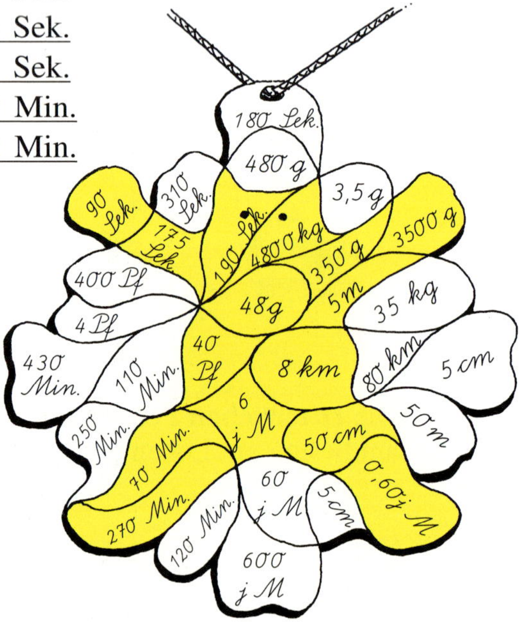

48

4 · 70 – 32 = 248
320 : 40 + 36 = 44
7 · 50 – 51 = 299
6 · 80 + 34 = 514
420 : 60 + 27 = 34
630 : 70 + 42 = 51
540 : 60 + 56 = 65
7 · 70 – 47 = 443
640 : 80 + 65 = 73
560 : 70 + 76 = 84

Die Ausreißer landen im: Gemüsebeet.

679
679
990
118
565
565
825
418
990
251
251

Die Kinder haben großes Glück. Als sie der Magierin das Foto des Erfinders zeigen, beginnt diese sofort zu erzählen. „Es geschah in einer dunklen Nacht, als Diebe auf König Arthurs Burg einbrachen. Sie raubten ihm seine Krone, deren Perlen als die wertvollsten im ganzen Lande gelten. König Arthur war zutiefst erbost und ließ alle Verdächtigen in das Burgverlies sperren. Auch euren Freund, den Erfinder. Sind die Krone und der Täter bis zum nächsten Vollmond nicht gefunden, werden alle Verdächtigen gehängt.“

27

- *<u>Setze</u> zwischen die Aufgabenpaare das Größer- (>) oder Kleiner- (<) Zeichen!*
- *<u>Umkreise</u> dann den Buchstaben, der auf der **größeren** Seite des Aufgabenpaars steht.*

Die eingekreisten Buchstaben verraten dir, von oben nach unten gelesen, den Namen von König Arthurs Burg.

(F)	24	6 · 4	>	7 · 3	21	K
A	______	3 · 8		4 · 7	______	I
T	______	5 · 6		8 · 4	______	N
S	______	7 · 4		3 · 9	______	O
R	______	5 · 7		6 · 6	______	T
E	______	7 · 6		9 · 4	______	H
B	______	8 · 6		7 · 7	______	R
L	______	8 · 5		6 · 7	______	W
U	______	5 · 9		7 · 8	______	A
F	______	7 · 9		8 · 8	______	L
D	______	8 · 7		6 · 9	______	G

(F), weil 24 größer ist als 21.

König Arthurs Burg heißt: Burg F _ _ _ _ _ _ _ _ _ _ _ _ .

Anna und Felix überlegen nicht lange. „Wir müssen den Erfinder noch vor Vollmond retten!“ Obwohl es schon langsam dämmert, machen sie sich auf den Weg zur Burg. Dort warten sie, bis es völlig dunkel geworden ist.

✎ *Das soll König Arthurs Burg sein?*

28 *Hier hat jemand nur die halbe Burg gezeichnet. Ergänze die fehlende Hälfte! Du kannst einen Spiegel zu Hilfe nehmen. Stelle ihn auf die Linie (Seitenmitte) und zeichne die Burg fertig!*

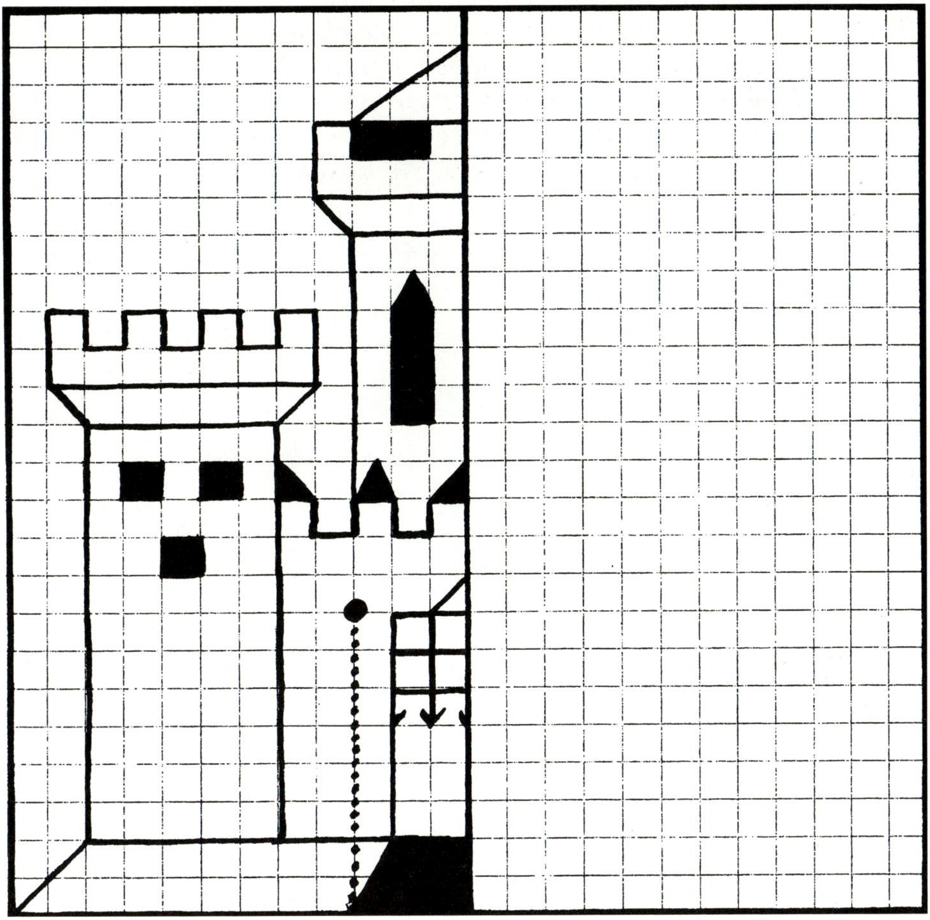

Vor den Toren der Burg stehen zwei Wachen mit brennenden Fackeln. „Wir müssen vorsichtig sein, die Burg ist bewacht“, warnt Anna. Die Kinder huschen lautlos an den Wachen vorbei, bis sie den Burghof erreichen. Als Felix sich noch einmal umdreht, übersieht er, dass vor ihm eine Treppe in einen steilen Abgrund führt. „Vorsicht“, flüstert Anna noch, doch es ist zu spät, obwohl sie noch versucht, ihren Bruder zu halten, stürzen die beiden in die Tiefe. Plötzlich herrscht Totenstille. Den beiden stockt der Atem. „Ob uns die Wachen gehört haben?“, wispert Anna mit zitternder Stimme. „Hör, das Rasseln! Das klingt wie Kettenrasseln. Das Verlies kann nicht weit von hier sein!“

29

Hilf den Kindern das Verlies zu finden!

- *<u>Löse</u> die erste Aufgabe. Ihr Ergebnis ist der Anfang der zweiten Aufgabe. Deren Ergebnis zeigt dir den Beginn der dritten Aufgabe usw.*
- *<u>Zeichne</u> den Weg bis zum Verlies!*

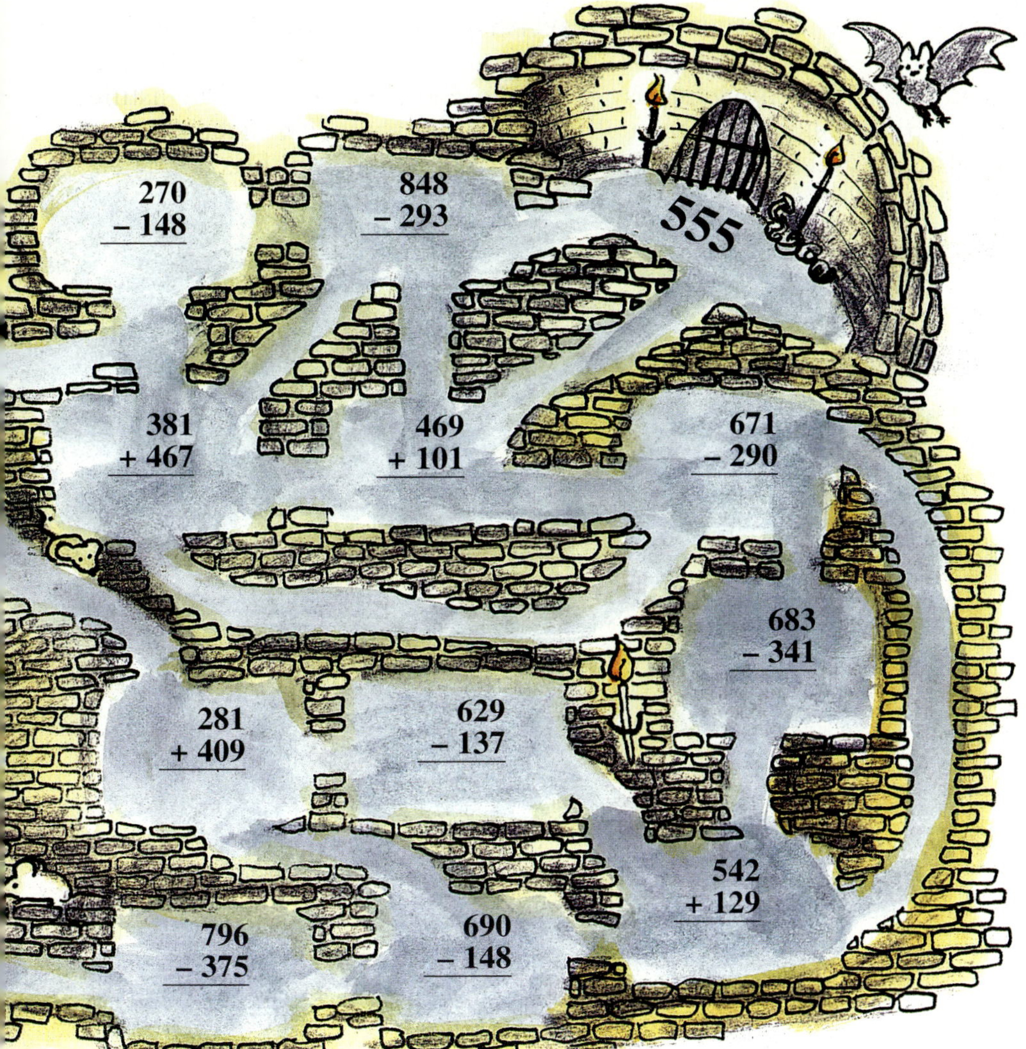

Die Kinder entdecken den Erfinder im Verlies. Aufgeregt berichten sie ihm, was passiert ist. Er fleht sie an: „Ihr müsst mir unbedingt helfen! Aber hier dürfen wir nicht sprechen. Die Wände haben Ohren. Ich schreibe euch einen Brief! Paulchen soll ihn noch vor Sonnenaufgang holen. Ich werde das Wichtigste in Geheimschrift verschlüsseln, denn geht etwas schief, sind wir alle tot!" Schweißgebadet schmiert er den Kindern einen Code auf ein Stück Papier. Da ertönt ein tiefes Poltern. „Raus hier! Die Wachen kommen!" Blitzschnell flüchten die Kinder von der Burg. Dann klappt alles nach Plan. Paulchen holt noch vor Sonnenaufgang den Brief, ohne bemerkt zu werden. Die Zwillinge machen sich sofort an die Arbeit.

✎ 30 *Hilf den Kindern, die Geheimschrift zu entschlüsseln!*
- *Löse die Malaufgaben im Brief auf der rechten Seite.*
- *Suche die Ergebnisse in der Code-Tabelle (unten) und setze die passenden Buchstaben in den Brief ein!*

A	E	F	G	H
450	240	640	810	420

L	N	P	R	Ä
630	360	480	560	350

Liebe Anna, lieber Felix,

als die Krone des Königs geraubt wurde, war ich in

6 · 60	7 · 50	6 · 70	8 · 30

der N ____________________ der Burg.

Ich habe die Diebe belauscht, wie sie sich über ihren

6 · 80	7 · 90	5 · 90	9 · 40

____________________ unterhielten. Deshalb weiß ich, wo die Krone versteckt ist. Die Krone besitzt die kostbarsten

8 · 60	6 · 40	7 · 80	9 · 70	3 · 80	6 · 60

____

im ganzen Land. Bitte findet sie und bringt sie dem König. Nur so kann ich meine Unschuld beweisen.

Der Weg zur Krone ist voller

9 · 90	6 · 40	8 · 80	9 · 50	7 · 60	8 · 70	3 · 80	4 · 90

____________________ !!

Den Plan für den Weg habe ich euch auf die Rückseite meines Briefs gezeichnet.

Strecke ____

„Los, gehen wir! Wir dürfen keine Zeit verlieren!“, drängt Anna. „Laut Plan müssen wir den Wald der tausend Stimmen durchqueren. Der Weg dorthin ist recht weit. So steht es hier.“

✎ **31** *<u>Rechne aus</u>, wie lang der Weg zum Wald der tausend Stimmen ist! Wie viele Kilometer gehen die Kinder?*
<u>Rechne</u> auf deinem Block!

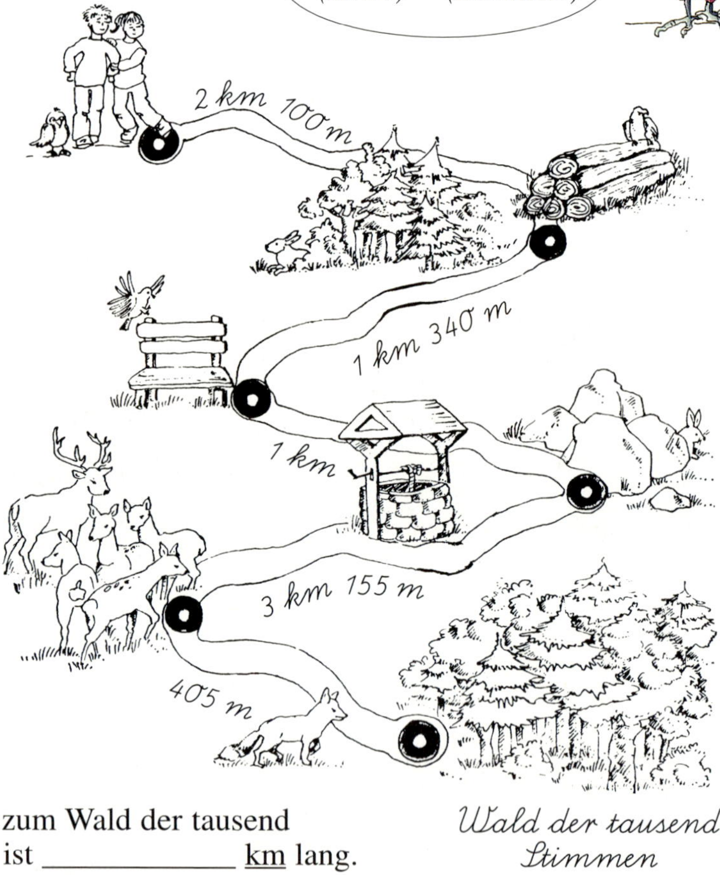

Der Weg zum Wald der tausend Stimmen ist ____________ <u>km</u> lang.

Wald der tausend Stimmen

Felix liest, was der Erfinder auf dem Plan vermerkt hat: „Die Leute sagen, es spuke im Wald der tausend Stimmen. Man höre dort die schrillen Gesänge der Geister. Kaum einer hat es gewagt, ihn zu betreten. Aber tatsächlich leben dort tausende von Vögeln, die es so selten gibt, dass den Leuten ihre Stimmen unbekannt sind.“ Als die Kinder den Wald durchqueren, sind sie von der Schönheit und den berauschenden Klängen der Vögel ganz verzaubert.

✎ **32** *Schau dir das Bild genau an! Einige Vögel haben sich gut versteckt! Wie viele findest du? ______________*
Male die Vögel an oder kreise sie ein!

Kaum haben die drei den Wald verlassen, dringt ein tiefes Rauschen an ihre Ohren. „Hör mal, Felix! Was ist das?“ „Natürlich! Das kann nur der Fluss sein, den wir überqueren müssen!“ Die Zwillinge folgen dem Rauschen, das immer lauter wird. Schließlich erreichen sie einen reißenden Fluss, der durch tiefe Schluchten führt. Gewaltige Wellen branden wild und gefährlich an die hohen Felsen des Ufers. „Na großartig! Wie sollen wir denn da hinüberkommen? Etwa mit einer fliegenden Untertasse?“, scherzt Felix. „Schwimmen geht jedenfalls nicht, die Strömung würde uns nach unten reißen“, stellt Anna fest.

24 : 3 + 11 = ____	4 · 8 – 15 = ____	6 · 5 + 24 = ____	36 : 9 + 27 = ____	5 · 7 – 14 = ____	45 : 5 + 24 = ____	48 : 8 + 36 = ____	7 · 9 – 16 = ____	8 · 8 + 29 = ____

33

- *Rechne die Aufgaben auf der linken Seite!*
- *Schneide dann die Streifen mit den Lösungszahlen (unten) aus und klebe sie auf das richtige Aufgabenfeld!*

Dann siehst du, wie die Kinder das Ufer erreichen.

33 93 19 42 54 31 47 17 21

Die Kinder kommen zu einem wilden Felsengebirge, das unüberwindbar scheint. Anna betrachtet den Plan. „Wie unheimlich! In den Bergen liegen angeblich Weinkeller verborgen. Von einem dieser Keller führt ein unterirdischer Gang ans andere Ende des Felsengebirges.“ „Aber welcher Weinkeller soll das sein?“, rätselt Felix. „Er soll mit diesem Wappen gekennzeichnet sein.“ Anna zeigt auf die Skizze des Erfinders. Die Kinder gehen durch die felsige Landschaft. Schon bald stoßen sie auf den besagten Keller. Tatsächlich, das Wappen sieht so aus, wie es der Erfinder gezeichnet hat.

34 *Löse die Aufgaben! Ihre Ergebnisse verraten dir, in welcher Farbe du die Flächen ausmalen musst! Aber Vorsicht! Jede Ergebniszahl erscheint im Wappen zweimal!*

382
− 179
(1) — Übertrag
203
(gelb)

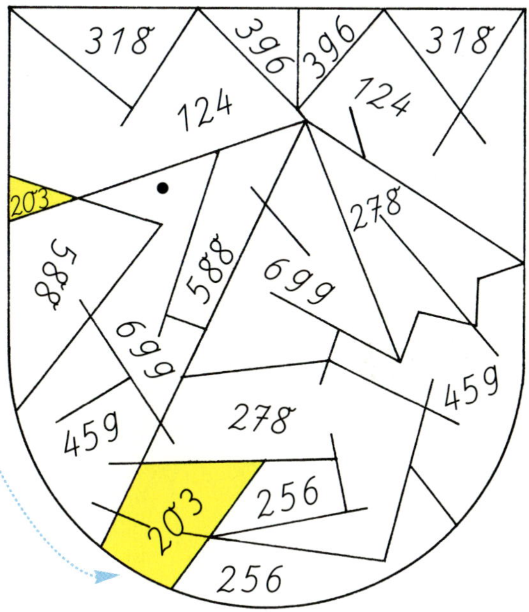

576 − 258 = ___	787 − 328 = ___
(blau)	(braun)

313 − 189 = ___	534 − 278 = ___	846 − 568 = ___	651 − 255 = ___	972 − 384 = ___	896 − 197 = ___
(orange)	(gelb)	(grün)	(blau)	(braun)	(grün)

Die Kinder stehen in einem alten, düsteren Keller. Hier werden die edlen Weine eines reichen Burgherrn aufbewahrt. „So viele Fässer auf einmal habe ich ja noch nie gesehen!“, kräht Paulchen. „Hinter einem der Fässer verbirgt sich der unterirdische Gang, der uns ans andere Ende des Felsengebirges führt“, verkündet Felix mit dem Plan in der Hand. „Schnell! Suchen wir ihn! Hier ist es so kalt und finster!“, drängt Anna.

✎ **35**

- *Ergänze jedes Fass auf 1hl (Hektoliter)! In den Kästchen (ganz unten) findest du die Lösungen.*
- *Ordne sie den entsprechenden Fässern zu. Ein Fass bleibt übrig. Hinter ihm liegt der unterirdische Gang.*
- *Kreise es ein!*

Aufgepasst!
100 l = 1 hl
(Liter) (Hektoliter)

59 l | 33 l | 57 l | 81 l | 30 l | 14 l | 5 l | 78 l | 62 l

Der unterirdische Gang ist feucht und kalt. Anna und Felix tasten sich durch die endlose Dunkelheit. Stellenweise ist der Tunnel so niedrig, dass sich die Kinder bücken müssen. Der Weg ist anstrengend und kommt den Zwillingen wie eine Ewigkeit vor. Plötzlich ruft Felix voller Erleichterung: „Da! Tageslicht!“ Tatsächlich! Die Kinder haben das Ende des Tunnels erreicht. Als sie im Freien sind, sinken sie müde auf den Boden und machen erst einmal eine kurze Rast. Da erblicken sie ein lustiges Tier, das in der Ritterzeit in großen Wäldern lebte.

36 *Verbinde die Zahlen von 9 bis 396! Beginne mit 9 und zähle immer 9 dazu, dann erkennst du bald das lustige Tier! Vorsicht! Es haben sich hier auch noch andere Zahlen versteckt!*

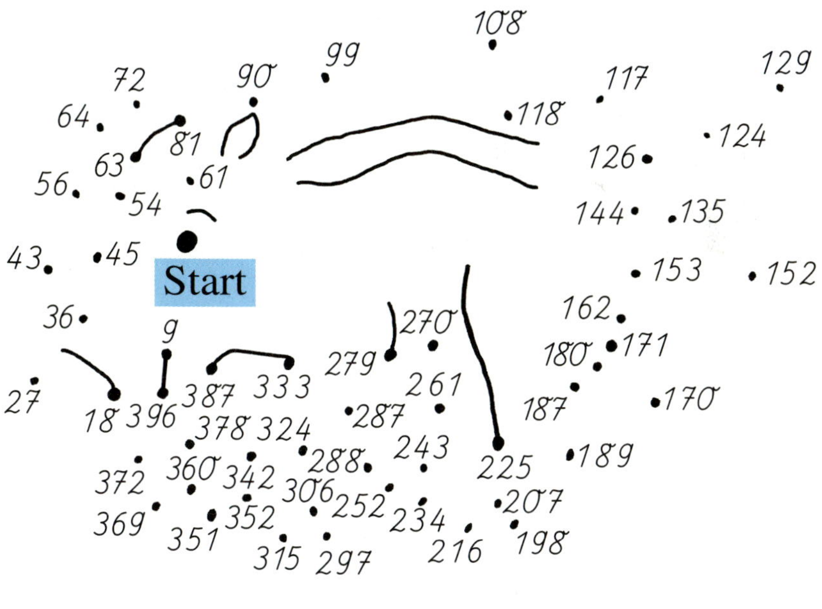

Das Tier heißt: ______________________________

Die Zwillinge sind der Krone schon recht nahe, doch vor ihnen liegt ein Sumpfgebiet mit vielen gefährlichen Schlangen. „Siehst du da vorne die alte Eiche inmitten der Sümpfe? Dort soll die Krone versteckt sein!“, erklärt Felix. „Aber in den Sümpfen versinken wir!“, befürchtet Anna. „Nicht, wenn wir von Stein zu Stein springen“, meint Felix und zeigt auf einige große Steine, die in den Sümpfen liegen. „Wir müssen vorsichtig sein, sonst werden uns die Schlangen auffressen“, warnt Anna.

37 *Nun sollst du herausfinden, auf welche Steine (rechte Seite) die Kinder treten können, ohne zu versinken!*

- *Löse dazu die Aufgaben (unten). Die Ergebnisse verraten dir, auf welche Steine Anna und Felix springen können.*
- *Male diese Steine an!*
- *Sammle unterwegs die Buchstaben unter den Steinen.*
- *Lies sie der Reihe nach, und du erfährst, welches gefährliche Tier die Kinder auch noch in den Sümpfen entdecken.*

1) $3 \cdot 24$

$3 \cdot 20 = 60$

$3 \cdot 4 = 12$

$3 \cdot 24 = 72$

2) $6 \cdot 53$

3) $5 \cdot 49$

4) $4 \cdot 68$

5) $6 \cdot 76$

6) $9 \cdot 58$

7) $8 \cdot 98$

8) $7 \cdot 74$

Was entdecken Anna und Felix? K __ __ __ __ __ __ __ __ .

Möchtest du dich jetzt entspannen? Dann male doch auf Seite 68 / 69 ein Mandala aus!

Als die Zwillinge die alte Eiche genau betrachten, entdecken sie eine morsche Baumhöhle. Neugierig kriechen sie hinein. Da stößt Anna auf eine große, hölzerne Kiste. „Hier muss die Krone versteckt sein“, vermutet sie. Die Kinder staunen, als sie den Deckel der Kiste öffnen. Kostbare Waffen sind darin, Schmuck, Juwelen und herrliche Gewänder. „Schau mal, Felix, so eine lange Kette!“, strahlt Anna und hält eine edle Perlenkette in die Höhe.

38 *Wie lang ist die Kette? Löse die Kettenrechnung, dann erfährst du es! Wandle zuerst in mm um!*

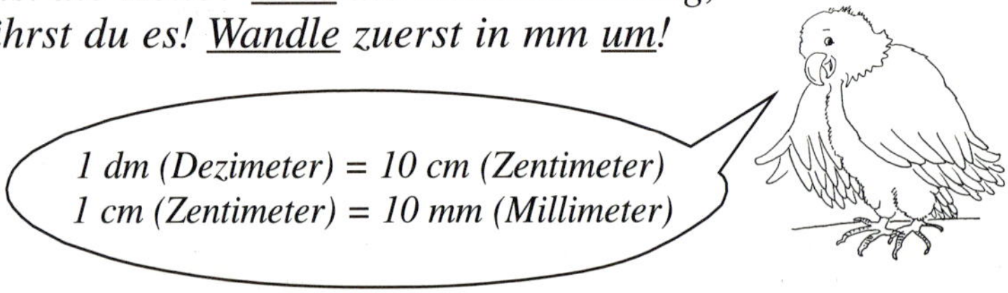

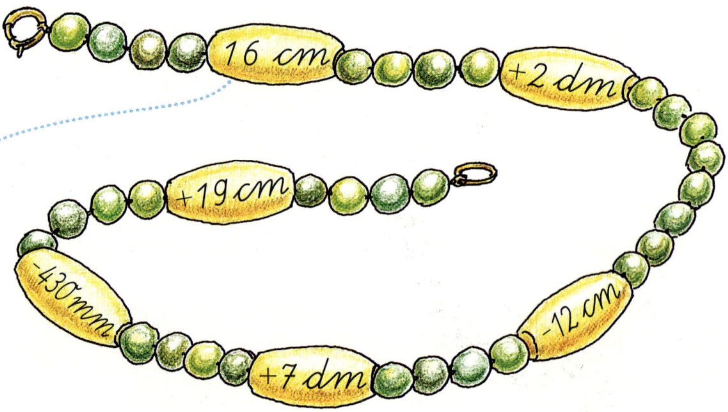

Rechnung:

160 mm + ______ mm – ______ mm + ______ mm – ______ mm +

+ ______ mm = ______ mm

= ______ cm

= ______ dm

Die Kinder wundern sich, als sie all die Kostbarkeiten betrachten. Wo ist nur die Krone? Da sieht Anna unter den vielen Edelsteinen etwas Glänzendes schimmern. „Hier ist sie ja, die Krone“, jubelt sie, „jetzt können wir den Erfinder retten!“

39 *Hier wird aus Edelsteinen ein kniffliges Rechenrätsel gemacht. Jeder Edelstein stellt eine Ziffer dar. Gleiche Steine bedeuten gleiche Ziffern. Finde heraus, welcher Edelstein welche Ziffer darstellt!*

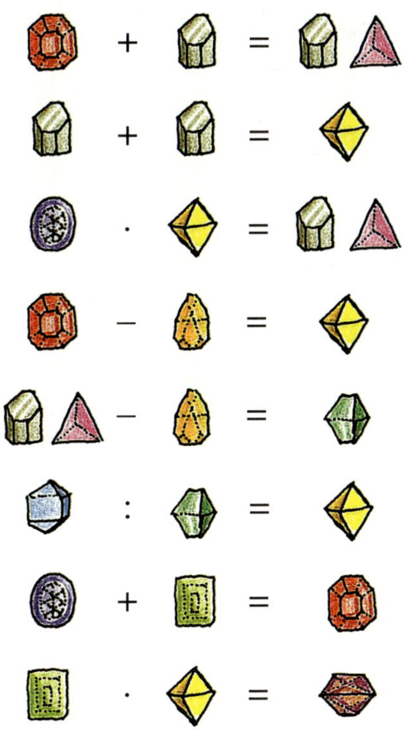

9 + 1 = 10

___ + ___ = ___

___ · ___ = ___

___ – ___ = ___

___ – ___ = ___

___ : ___ = ___

___ + ___ = ___

___ · ___ = ___

Die Zwillinge nehmen die Krone unter den Arm und wollen sich auf den Weg machen, als sie in der Kiste eine Papierrolle entdecken. Es ist etwas darauf gezeichnet: ein Plan der Burganlage. Mit Farbe ist ein Geheimgang angegeben. „Auf diese Weise konnten die Diebe also in die Burg eindringen", bemerkt Felix.

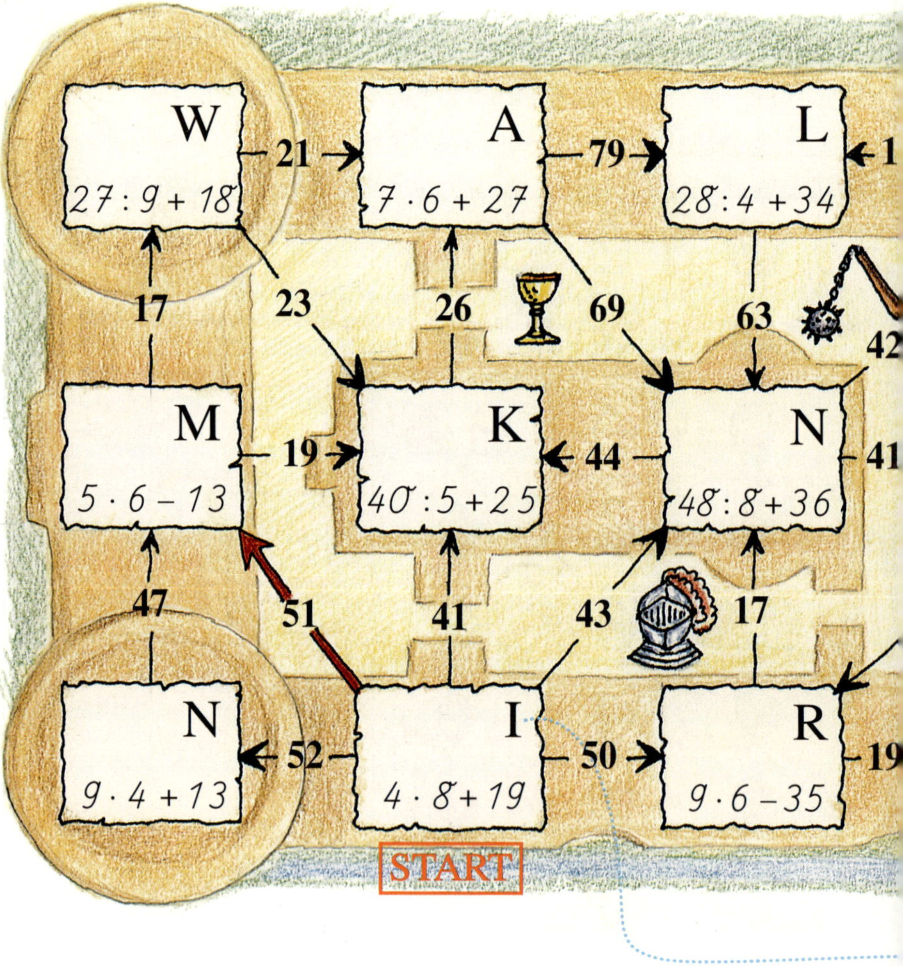

✎ 40 *Wie verläuft der Geheimgang, den die Diebe benutzten?*

- *Rechne dazu die Aufgaben.*
- *Folge dem Pfeil, der die richtige Ergebniszahl enthält. Er führt dich zur nächsten Aufgabe!*
- *Zeichne den Weg mit einem Buntstift ein!*
- *Sammle unterwegs die Buchstaben. Sie verraten dir, wo König Arthur die Krone aufbewahrt hat.*

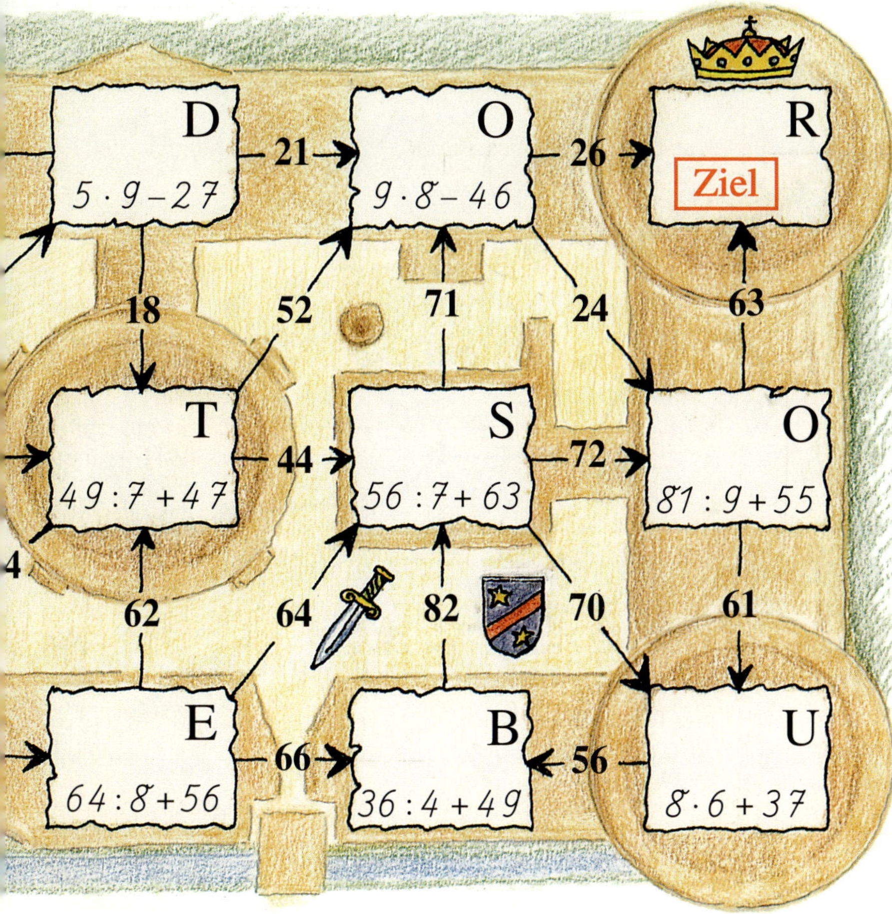

Wo hat König Arthur seine Krone aufbewahrt?

I M __ __ __ __ __ __ __ __ __ __

Auf der Rückseite des Plans ist ein seltsamer Satz vermerkt:

Mutig wie Löwen holten wir uns die Kron,
und zu Vollmond wird uns das Schwert zum Lohn.

„Die wollen dem König auch noch das Schwert rauben. Wir müssen schnell zu ihm.“ Die Kinder packen die Krone und die Papierrolle und machen sich auf den Weg.

Schau dir die Zeichnung genau an!

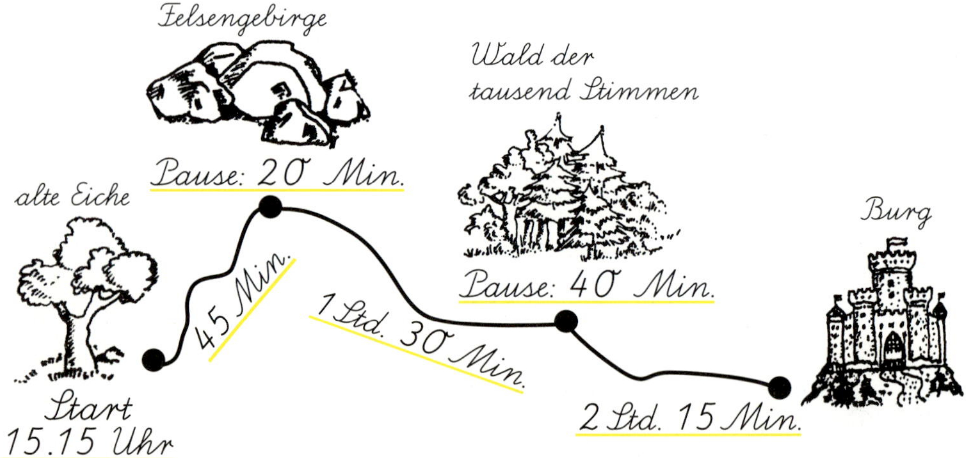

41 *Wie lange sind Anna und Felix bis zur Burg unterwegs? (Vergiss nicht, die Pausen mitzurechnen!) Rechne aus, wie viele Stunden und Minuten sie brauchen! Schreibe deine Rechnungen auf deinen Block!*

Nicht vergessen!
60 Minuten = 1 Stunde

42 *Die Kinder verlassen um 15.15 Uhr die alte Eiche. Wann kommen sie bei der Burg an? Rechne auf deinem Block!*

Die Zwillinge werden auf der Burg von König Arthur empfangen. Er nimmt die Krone freudig entgegen. Anna und Felix zeigen ihm das merkwürdige Gedicht auf der Papierrolle. Der König ist entsetzt, als er liest, dass ihm die Diebe auch noch das Schwert stehlen wollen. Als es so weit ist, versteckt der König seine Wachen im Geheimgang und die Diebe werden von ihnen überwältigt und festgenommen.

43

Willst du wissen, warum das Schwert so kostbar ist?

- *Finde die fehlenden Zahlen in den Aufgaben!*
- *Setze die Buchstaben in die entsprechenden Kästchen (unten) ein!*

Wenn du alles richtig gemacht hast, erfährst du, was man dem Schwert nachsagt.

$5 \cdot 43$
$5 \cdot 40 =$ 200
$5 \cdot$ 3 $= 15$
$5 \cdot 43 =$ 215 [E]

___ $\cdot 97$
$4 \cdot 90 =$ ___
$4 \cdot$ ___ $= 28$
___ $\cdot 97 =$ ___ [U]

$7 \cdot$ ___
$7 \cdot$ ___ $= 280$
$7 \cdot 7 =$ ___ [Ä]
$7 \cdot$ ___ $=$ ___ [T]

$6 \cdot$ ___ [R]
$6 \cdot$ ___ $= 540$
$6 \cdot$ ___ $= 42$
$6 \cdot$ ___ $=$ ___ [E]

$8 \cdot$ ___ [R]
$8 \cdot$ ___ $= 480$
$8 \cdot 9 =$ ___ [A]
$8 \cdot$ ___ $=$ ___ [F]

$7 \cdot$ ___ [K]
$7 \cdot 90 =$ ___ [B]
$7 \cdot$ ___ $= 56$
$7 \cdot$ ___ $=$ ___ [Z]

686	72	388	630	215	69	98	97	49	552	329	582
				E							

Auch der König erkennt nun die Unschuld des Erfinders. Er bittet ihn um Vergebung und lädt ihn und die Zwillinge ein, seine Gäste zu sein, so lange sie wollen. Das Leben auf der Burg wird ein einziges Abenteuer für Felix und Anna. Sie können es nicht fassen, dass all das, was sie in Büchern gelesen oder in Filmen gesehen haben, nun auf einmal Wirklichkeit geworden ist.

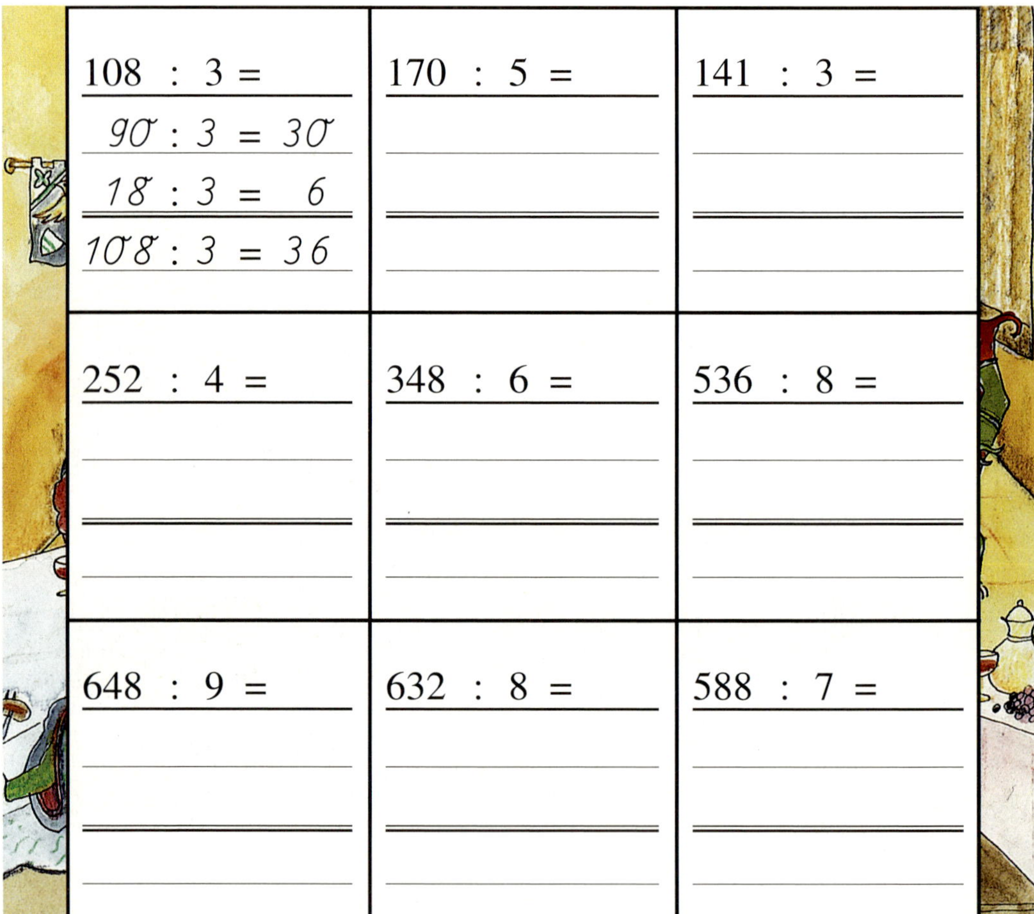

108 : 3 = 90 : 3 = 30 18 : 3 = 6 108 : 3 = 36	170 : 5 =	141 : 3 =
252 : 4 =	348 : 6 =	536 : 8 =
648 : 9 =	632 : 8 =	588 : 7 =

Was gefällt den Kindern besonders an dem Leben auf der Burg?

44

- *Löse die Aufgaben auf der linken Seite!*
- *Schneide dann die Rechtecke mit den Lösungszahlen (unten) aus und klebe sie auf das richtige Aufgabenfeld!*

84	34	67
58	36	72
47	79	63

In einer Vollmondnacht kann Anna nicht einschlafen. „Felix, bist du wach?“ „Ja.“ „Ich kann nicht schlafen.“ „Ich auch nicht.“ „Woran denkst du?“, fragt Anna. „An zu Hause.“ „Ich auch.“ Von nun an leiden die Kinder an Heimweh. Sie haben kein Zeitgefühl mehr. Sie wissen nicht, wie lange sie schon auf der Burg sind. Als sie am nächsten Morgen dem König erzählen, dass sie wieder nach Hause möchten, schenkt er ihnen als Andenken ein kleines geschnitztes Wappen von der Burg.

Hier siehst du das Wappen, das der König den Kindern schenkt. Schau es dir ganz genau an!

45 *Alle Wappen unterscheiden sich nur durch Kleinigkeiten voneinander. Nur eines davon sieht genauso aus wie das Wappen des Königs. Welches? Kreise es ein! Streiche die anderen, falschen Wappen durch!*

Die Kinder bitten den Erfinder, sie wieder in die Gegenwart zu versetzen. Doch der kann ihnen nicht helfen. „Um wieder in die Gegenwart zu kommen, müssten wir den Hebel der Zeitmaschine nach oben drücken. Aber hier gibt es keine Maschine. Zuerst müssten wir in die Gegenwart zurück, aber das geht eben nicht." Die Kinder sind verzweifelt. Die Tage vergehen, und die Gedanken der Zwillinge kreisen immer um dasselbe: Wie kommen sie in die Gegenwart zurück – bis Felix eine Idee hat.

✎ *Welche Idee hat Felix?*

46
- *Löse die Aufgaben!*
- *Suche dann die Ergebnisse in der Tabelle (unten) und setze die passenden Buchstaben ein!*

3 · 9	8 · 3	6 · 6	8 · 6	6 · 8	9 · 4	6 · 4	9 · 5	8 · 9	8 · 4
V									

5 · 5	6 · 9	8 · 7	7 · 8

4 · 7	3 · 8	9 · 7

7 · 7	6 · 4	4 · 9

7 · 4	9 · 6	5 · 8	8 · 3	6 · 6	7 · 9	6 · 4	8 · 7

8 · 9	9 · 4	8 · 6	9 · 9	4 · 9	7 · 8

54	45	49	36	81	40	72	24	25	48	28	56	63	32	27
A	C	D	E	F	G	H	I	K	L	M	N	R	T	V

Felix findet die Magierin am Stadttor und erzählt ihr alles. „Ich kann nicht glauben, was du mir erzählst“, sagt sie, „aber ich weiß, dass es viele Dinge gibt, von denen auch ich keine Ahnung habe. Wenn es stimmt, was du mir sagst, dann gibt es nur **eine** Möglichkeit um zurückzukommen: Nur im **Traum** kannst du den Hebel der Maschine bedienen. Und wenn ihr alle drei zurückwollt, dann müssen auch Anna und der Erfinder in deinem Traum vorkommen.“ Zum Abschied gibt die Magierin Felix ein Amulett als Glücksbringer mit auf den Weg.

✎ **47** *Willst du wissen, wie es aussieht? Dann wandle die Größen um und male die entsprechenden Felder mit einem Buntstift an!*

Wenn du dir mit dem **Umwandeln von Größen** nicht mehr sicher bist, kannst du auf **Seite 70 spicken**!

1 Min. 30 Sek. = 90 Sek.

3 Min. 10 Sek. = ______ Sek.

2 Min. 55 Sek. = ______ Sek.

1 Std. 10 Min. = ______ Min.

4 Std. 30 Min. = ______ Min.

500 mm = ______ cm

500 cm = ______ m

8000 m = ______ km

60 Pf = ______ DM

600 Pf = ______ DM

0,40 DM = ______ Pf

3,5 kg = ______ g

0,35 kg = ______ g

0,048 kg = ______ g

4,8 t = ______ kg

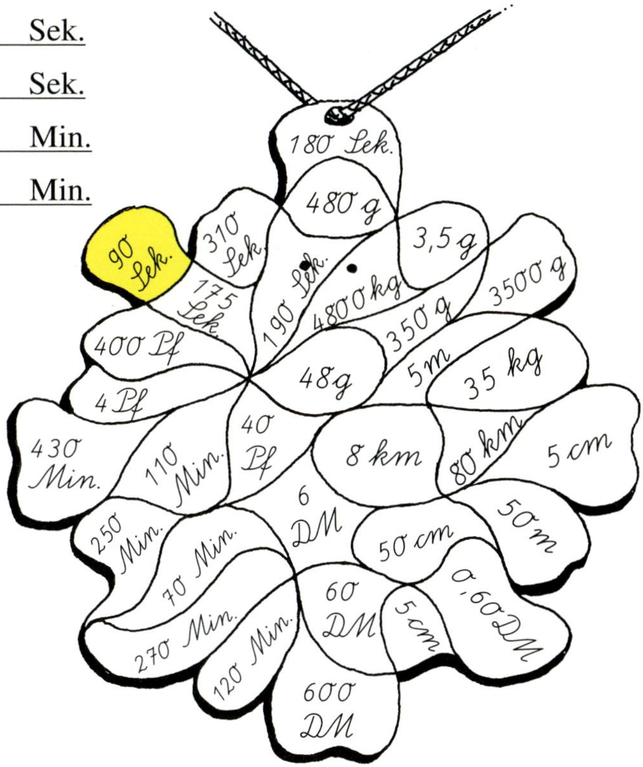

Felix beginnt zu hoffen. Jeden Tag schläft er voller Erwartung ein – und wacht am nächsten Tag wieder in der Burg auf. Er träumt von tausend Dingen – nur nicht von der Maschine. Felix ist verzweifelt. Einige Nächte vergehen. Dann passiert es – Felix träumt von der Maschine. In dieser Nacht gibt es einen lauten Knall. Es blitzt und donnert. Alles dreht sich und bebt. Die Kinder, der Erfinder und natürlich auch Paulchen werden endlich in die Gegenwart zurückversetzt.

✎ *Wo landen die Ausreißer?*

48
- *Löse die Aufgaben!*
- *Suche die Ergebniszahlen in den Kästchen und setze die Buchstaben (hinter den Aufgaben) richtig ein.*

$4 \cdot 70 - 32 =$ 248 → E

$320 : 40 + 36 =$ ______ → M

$7 \cdot 50 - 51 =$ ______ → S

$6 \cdot 80 + 34 =$ ______ → E

$420 : 60 + 27 =$ ______ → E

$630 : 70 + 42 =$ ______ → T

$540 : 60 + 56 =$ ______ → Ü

$7 \cdot 70 - 47 =$ ______ → E

$640 : 80 + 65 =$ ______ → B

$560 : 70 + 76 =$ ______ → G

84	
34	
44	
65	
299	
248	E
73	
443	
514	
51	

Es ist Nacht. Anna und Felix können es gar nicht fassen, dass sie wieder in der Gegenwart sind. Da merken sie plötzlich, wie in Großvaters Haus Licht angeht. „Ob der Knall Opa geweckt hat?“, überlegt Anna. Schon wird die Haustür aufgerissen und Opa steht vor ihnen. Die Kinder stürzen auf ihn zu und fallen ihm in die Arme. „Endlich sind wir wieder da, Opa, wir haben dich so vermisst!“ „Aber ich habe euch doch erst vorhin ins Bett gebracht“, wundert sich Großvater, „und wer ist der fremde Mann?“ „Erkennst du ihn nicht? Das ist doch der Erfinder!“, erklärt Felix. „Wie kommt er denn hierher?“, will Opa wissen. „Das ist eine lange Geschichte“, sagt Anna. „Dann kommt schnell rein und erzählt sie mir!“, drängt Großvater gespannt.

Nun sind die Sommerferien schon eine ganze Weile zu Ende. Felix und Anna gehen zur Schule, und sind glücklich, wieder bei ihren Eltern, bei Opa und ihren Freunden zu sein. Und der Erfinder? Nun ja, der erfindet weiter an seinen Erfindungen herum.

<u>Liebe Schülerin, lieber Schüler!</u>

Hoffentlich hat dir das Büchlein Spaß gemacht und deine Mathenoten haben sich verbessert. Wenn du Lust hast, schreibe mir, ob du gerne mit diesem Buch gearbeitet hast. Ich würde mich sehr über einen Brief von dir freuen!

Deine Brigitte Hauschka
Maxfeldhof 20, D - 85716 Unterschleißheim

Möchtest du dich entspannen? – Male das Mandala bunt aus. Beginne in der Mitte des Mandalas und du wirst spüren, wie ruhig du wirst.
Ein Tipp: Du kannst zum Ausmalen leise Musik hören.

Das kleine Einmaleins:

	1	2	3	4	5	6	7	8	9	10
1	1	2	3	4	5	6	7	8	9	10
2	2	4	6	8	10	12	14	16	18	20
3	3	6	9	12	15	18	21	24	27	30
4	4	8	12	16	20	24	28	32	36	40
5	5	10	15	20	25	30	35	40	45	50
6	6	12	18	24	30	36	42	48	54	60
7	7	14	21	28	35	42	49	56	63	70
8	8	16	24	32	40	48	56	64	72	80
9	9	18	27	36	45	54	63	72	81	90
10	10	20	30	40	50	60	70	80	90	100

Übersicht über Größen:

Größe	Abkürzungen	Umrechnungen
Geld	Pf Pfennig DM D-Mark Deutsche Mark	100 Pf = 1 DM
Gewichte	g Gramm kg Kilogramm t Tonne	1000 g = 1 kg 1000 kg = 1 t (500 g = 1 Pfund)
Hohlmaße	ml Milliliter l Liter hl Hektoliter	1000 ml = 1 l 100 l = 1 hl
Längen	mm Millimeter cm Zentimeter dm Dezimeter m Meter km Kilometer	10 mm = 1 cm 10 cm = 1 dm 100 cm = 1 m 10 dm = 1 m 1000 m = 1 km
Zeit	Sek. Sekunde Min. Minute Std. Stunde	60 Sek. = 1 Min. 60 Min. = 1 Std. 24 Std. = 1 Tag

Übersicht über die Grundrechenarten:

Rechenart	Rechenausdruck	Rechenzeichen	Beispiel
Addition	addieren, zusammenzählen	+	$2 + 3 = 5$
Subtraktion	subtrahieren, abziehen	–	$6 - 4 = 2$
Multiplikation	multiplizieren, malnehmen	·	$3 \cdot 4 = 12$
Division	dividieren, teilen	:	$15 : 5 = 3$
Verdoppeln	verdoppeln, das Doppelte von	· 2	$6 \cdot 2 = 12$
Halbieren	halbieren, die Hälfte von	: 2	$14 : 2 = 7$
Vergleich	ist gleich ist kleiner als ist größer als	= $<$ $>$	$3 = 3$ $5 < 6$ $6 > 5$

Stichwortverzeichnis/Fachausdrücke

Ein Pfeil → bedeutet: Schau nach bei…

Abziehen → Subtrahieren

Addieren und Subtrahieren

- bis 100 (Wiederholung 2. Jahrgangsstufe).....3
- mit Zehnern und Einern bis 1000 ...34
- mit Zehnern und Hundertern...........16

Addition schriftlich..............................36

Division halbschriftlich 60

DM → Geld

Einmaleins:

- mit 10, 5, 2, 4, 8 (Wiederholung 2. Jahrgangsstufe).....6
- mit 3, 6, 9..10
- mit 7..14
- alle Einmaleinssätze...........12, 20, 64

Einmaleinstabelle..................................70

Geld:

- (DM)..29
- (DM, Pf)..33

Die Fortsetzung des Stichwortverzeichnisses befindet sich auf Seite 72.

Fortsetzung des Stichwortverzeichnisses:

Gemischte Aufgaben bis 100....28, 46, 56
Gemischte Aufgaben bis 1000 66
Gewichte (g, kg) 11
Größen → Übersicht 70

Größen (Zeit, Längenmaße, Geld, Gewichte)...65
Grundrechenarten → Übersicht 71

Halbschriftliche Division.......................60
Halbschriftliche Multiplikation.......52, 59
Hohlmaße (ℓ, hℓ)..................................50

Konzentrationsübungen:
– Kombination 55
– Suchbild 45
– Unterschiede suchen....................8, 63
– Umrisse zuordnen...........................24

Labyrinth 18/19, 40
Längen (mm, cm, dm)..........................54
(siehe auch: Strecke)
Lerntipps 3
Liter → Hohlmaße
Lösungsteil herausnehmbar:
(in der Heftmitte) nach Seite................36

Malnehmen = Multiplizieren → Multiplikation
Malen nach Zahlen.........................23, 51
Mandala 68, 69
Multiplikation mit Zehnerzahlen...........42
Multiplikation halbschriftlich..........52, 59

Punkte verbinden → Malen nach Zahlen
Puzzle → Rechenpuzzle

Rätsel 35, 55
Rechenpuzzle 4, 20, 46, 60

Sachaufgaben.................................32, 58
(Sachaufgaben werden im Hauschka Lernprogramm Nr. 53 behandelt)
Schriftliche Addition 36, 40
Schriftliche Subtraktion..................40, 49
Spiegelbilder zeichnen → Symmetrie
Strecke:
– messen.......................................26, 27
– m, km 44
Subtrahieren und Addieren
– bis 100
(Wiederholung 2. Jahrgangsstufe)...........3
– mit Zehnern und Einern bis 1000 ...34
– mit Zehnern und Hundertern...........16
Subtraktion schriftlich 40, 49
Symmetrie.......................................31, 39

Teilen = Dividieren → Division
Textaufgaben → Sachaufgaben

Übersicht über die Grundrechenarten ...71
Übersicht über Größen 70
Uhrzeit → Zeit

Vergleich (>, <).....................................38

Zahlen bis 1000........................51, 18, 23
Zeit (Min., Std.) 32, 58
Zusammenzählen → Addieren